新型职业农民培育系列教材

# 农村信息化及网络应用

◎ 宋朝阳　牛丹丹　额尔德木图　主编

中国农业科学技术出版社

**图书在版编目(CIP)数据**

农村信息化及网络应用 / 宋朝阳,牛丹丹,额尔德木图主编.
—北京:中国农业科学技术出版社,2016.7
ISBN 978-7-5116-2672-1

Ⅰ.①农… Ⅱ.①宋…②牛…③额… Ⅲ.①农村-信息化-基本知识②计算机网络-应用-农村-基本知识 Ⅳ.①F320.1

中国版本图书馆 CIP 数据核字(2016)第 164494 号

**责任编辑** 贺可香
**责任校对** 杨丁庆

**出 版 者** 中国农业科学技术出版社
北京市中关村南大街 12 号 邮编:100081
**电　　话** (010)82109194(编辑室) (010)82109702(发行部)
(010)82109709(读者服务部)
**传　　真** (010)82106650
**网　　址** http://www.castp.cn
**经 销 者** 各地新华书店
**印 刷 者** 北京建宏印刷有限公司
**开　　本** 889mm×1194mm 1/32
**印　　张** 7.625
**字　　数** 200 千字
**版　　次** 2016 年 7 月第 1 版 2019 年 2 月第 8 次印刷
**定　　价** 26.00 元

# 《农村信息化及网络应用》

## 编委会

主　编：宋朝阳　牛丹丹　额尔德木图

副主编：芮秀兰　申　红　王　汀
刘淑红　李冬梅　季淑丽
刁贵超　王亚伟　李金星
欧洪英　汪雪飞　马　妍
梁英锦

编　委：李金星　牛丹丹　鲁　磊
林菁华

# 前　言

农业信息化过程是传统农业观念向现代农业转变的过程。中国是个农业大国,农村经济的发展状况将直接影响到整个国家的经济前进的步伐,是最为重要的基础性经济。农业信息化在农村经济发展中具有重要的现实意义。提高农业信息资源的数量与质量,研究和开发成熟的农业信息技术,增强农民的信息意识,培养农村信息人才,加强农业信息化服务体系建设,对促进我国农村经济发展具有重要作用。

本书全面、系统地介绍了信息化及网络方面的知识,内容包括:农业生产信息化、农村信息的采集、电子政务、计算机基础知识、上网预备知识、网上生活、在线聊天、发送电子邮件、使用博客、计算机安全等内容。

本书围绕大力培育新型职业农民编写,以满足职业农民生产中的需求。书中语言通俗易懂,技术深入浅出,实用性强,适合广大新型职业农民、基层农技人员学习参考。

编者

# 目　录

# 第一章　农业生产信息化

中国经济社会的快速发展，产生了对于信息化的强烈需求。“十五”以来，中国信息化发展的速度远远超过预期，在中国经济与社会发展中的影响日益显现，国家信息化的发展开始步入快车道。农业信息化建设是国家信息化发展战略的重要组成部分。加快推进农业信息化建设，是促进解决小农户与大市场矛盾、缩小城乡“数字鸿沟”的迫切需要，是加速改造传统农业、积极发展现代农业、扎实推进社会主义新农村建设的紧迫任务。

## 第一节　信息化的概述

### 一、信息化的提出

农业是国民经济的基础，农业信息化是国家信息化的重要内容，对农业人口占总人口 65% 的中国来讲，更是如此。通过改革开放 30 多年的发展，我国农业在基本解决温饱的同时，农业效益下滑，农民增收乏力，农村剩余劳动力转移受阻，农业生态环境恶化等许多问题已有不断激化的趋势。这充分表明，传统农业发展模式已无法实现或者说延缓了中国的农业现代化，农业信息化已成为促进农业现代化发展的重要契机。

“信息化”是日本学者最早于 20 世纪 60 年代末基于对社会经济结构演进的认识角度提出来的。“信息化”是一个发展中的概念,即充分利用信息技术,开发利用信息资源,促进信息交流和知识共享,提高经济增长质量,推动经济社会发展转型的历史进程。

## 二、信息化的概念

农业信息化是指充分利用计算机技术、网络通信技术、数据库技术、多媒体技术、物联网技术等现代信息技术,全面实现各类农业信息及其相关知识的获取、处理、传播与合理利用,加速传统农业改造,大幅度提高农业生产效率和科学管理水平,促进农业和农村经济持续、稳定、高效发展的过程。

党的"十八大"提出"促进工业化、信息化、城镇化、农业现代化同步发展"的战略部署,充分体现了党和国家对以信息化支撑工业化、城镇化和农业现代化发展的高瞻远瞩。经济全球化的现实表明,信息化已经成为世界各国推动经济社会发展的重要手段,已经成为资源配置的有效途径,信息化水平已经成为衡量一个国家现代化水平的重要标志。"四化同步"的发展战略,为全国上下加快推进农业信息化指明了方向,明确了目标和任务。深入贯彻落实党的"十八大"精神必须加快推进农业信息化。

"四化同步"的本质是"四化"互动,是一个整体系统。就"四化"的关系来讲,工业化创造供给,城镇化创造需求,工业化、城镇化带动和装备农业现代化,农业现代化为工业化、城镇化提供支撑和保障,而信息化推进其他"三化"。因此,促进"四化"在互动中实现同步,在互动中实现协调,才能实现社会生产力的跨越式发展。

## 第二节 信息化在新农村建设中的作用

信息产业在推进社会主义新农村建设中具有重要的作用。信息技术科技含量高、发展速度快、渗透力和带动力强，信息产业及信息市场化在促进农业生产经营、农村社会事业发展、提高农民整体素质、缩小和消除“数字鸿沟”等方面，都具有十分重要的作用。

农村经济社会的发展也为信息产业开辟了具有较大潜力的市场空间。信息化不仅是解决“三农”问题的手段和条件，是新农村建设的重要内容，同时也为信息产业拓展了市场空间。随着国家建设社会主义新农村的各项政策出台，农村地区的生产生活条件，农民的收入水平，农民的精神面貌都发生了很大的变化，农村和广大农民对信息技术、网络和产品的需求将变得日益旺盛，使得信息产业在面向“三农”的众多领域都大有用武之地。

### 一、信息化在农业生产上的作用

用于农业生产预测，辅助农民合理安排生产，减少盲目性，降低风险；用于指导农业生产，加快农业科技成果的转化，提高产量；用于农产品销售，增进农业小生产与大市场的对接。

### 二、信息化在农村管理上的作用

(1)镇村务管理信息系统。

(2)市场信息系统。

(3)农村政策法规查询系统。

(4)病虫害预测与防治系统。

(5)农村科技信息系统。

### 三、信息化在农村学习上的作用

实现远程教育,缓解农村师资缺乏、教育质量不高的局面;对农民进行职业技能培训。

### 四、信息化在农村环境建设和保护上的作用

通过对耕地、水资源和生态环境、气象环境等方面的动态监控和信息收集,使政府有关部门能够及时采取有关政策措施,指导和调控有关企业和农民有效地利用和保护资源、环境。

## 第三节　农业信息化的应用案例

### 一、带有“身份证”的阿强鸡蛋

上海复旦大学计算机系毕业的大学生顾澄勇回乡帮他爸爸打理养鸡场。他发现人们越来越关心食品的质量,于是决定开发出一种计算机软件系统,让市民可以了解自己卖的鸡蛋是在哪儿生产的,又是哪天生产的,是否经过检验等,以放心自己卖的鸡蛋质量。经过努力,他开发了“阿强”鸡蛋网上身份查询系统。从此“阿强”鸡蛋的包装盒中多了一张薄薄的卡片,提醒消费者可以根据卡片上标明的查询号码和生产日期,到上海农业网上查询与这盒蛋有关的产蛋鸡舍、蛋鸡周龄、蛋鸡品系、饲料饮水及检验结果等信息,甚至还能看到鸡舍及员工消毒、喂养的视频画面。从此,市民购买“阿强”鸡蛋更放心了。而消费者放心的结果,直接带来的是经济效益的增长,有了“身份证”的鸡蛋销量大增,仅 2005 年 7 月到年底,“阿强”鸡蛋的销量就比上年同期增长了 2.5 倍。

### 二、网上专家答疑

当禽流感在全国各地流行的时候，龙门县永汉镇胡须鸡养殖大户李汉泉高兴地说到：“前几天，我到镇信息服务中心发布了一条如何解决养鸡场消毒问题的信息，当天就从山区信息网上得到省农业科学院专家的解答，这个答复很适合我的鸡场，以后一定要好好利用网上答疑功能。”

### 三、种植什么品种

朋友的一个亲戚，在广州增城种植蔬菜约 2 000 亩(15 亩 = 1 公顷。全书同)，已经种了 5 年。但是过去三年来，种蔬菜并不挣钱，原因是化肥价格上升，工人工资上涨，而且前年、去年当地均下暴雨，由于地势较低，种植蔬菜全部被淹，有 2 个月没有出菜。从去年下半年开始，他决定转产。但是对于该种什么，一直拿不定主意，便找到朋友帮助。朋友从广东山区信息网上查找信息，了解到东莞麻涌镇种植香蕉，品种优良，产量高，马上将信息告诉他，他专门去东莞考察，同时朋友通过广农网了解深圳布吉农产品批发市场这几年的香蕉价格信息，得知价格一直比较稳定，并且略有上涨。于是，他决定种植东莞的香蕉。2016 年部分香蕉已经开始收获，他估算收成比种植蔬菜有大幅提高。

## 第四节　信息化与智慧农业

### 一、农业物联网

物联网被世界公认为是继计算机、互联网与移动通信网之后的世界信息产业第三次浪潮。它是以感知为前提，实现人与人、人与物、物与物全面互联的网络。在这背后，则是在物体上植入各种微型芯片,用这些传感器获取现实世界的各种信息,再通过局部的无线网络、互联网、移动通信网等各种通信网路交互传递,从而实现对世界的感知。

传统农业,浇水、施肥、打药等各项工作,主要应用常规技术。如今,在现代化的农业生产基地中,看到的却是另一番景象:瓜果蔬菜该不该浇水,施肥、打药,怎样保持精确的浓度,温度、湿度、光照、二氧化碳浓度,如何实行按需供给,作物在不同生长周期曾被“模糊”处理的问题,都有信息化智能监控系统“实时”“定量”精确把关,我们只需按个开关,做个选择,或是完全听“指令”,就能种好菜、养好猪。

在计算机互联网的基础上,利用射频自动识别(RFID)、传感器、无线通信、嵌入式网关、云计算、移动终端应用等技术,构造一个覆盖世界上万事万物的“Internet Of Things”。在这个网络中,物品(商品)能够彼此进行“交流”,而无需人的干预。其实质是利用 RFID 技术,通过计算机互联网实现物品(商品)的自动识别和信息的互联与共享。

农业物联网结构可分为三层:感知层、传输层和应用层。感知层是采用各种传感器,如温湿度传感器、光照传感器、二氧化碳传感器等来获取各类信息。感知层是物联网识别物体、采集信息的来源。传输层由各种网络,包括互联网、广电网、网络管理系统和云计算平台等组成,是整个物联网的中枢,负责传递和处理感知层获取的信息。应用层是物联网和用户的接口,与行业需求结合,实现物联网的智能应用。根据传感器获取的动物、植物生长环境信息进行自动相应的升温补光、灌溉等控制。对环境异常自动报警,加装摄像头可对养殖、种植场地实时监控。

由此可见,传感器在物联网中作用十分重要。那么,传感器是什么样的呢?传感器是一种能把特定的被测信号,按一定规律转换成某种可用信号输出的器件或装置,以满足信息的传输、处理、记录、显示和控制等要求。传感器处于被监测物体与系统之间的接口位置，是感知、获取与检测信息的窗口，它提供物联网系统赖以进行决策和处理所必需的原始数据。

有了这些传感器，农业物联网能够做哪些事情呢？

### （一）实时监测

通过传感器实时采集温室（大棚）内的空气温度、空气湿度、二氧化碳、光照、土壤水分、土壤温度、棚外温度与风速等数据；将数据通过移动通信网络传输给服务管理平台，服务管理平台对数据进行分析处理。

### （二）远程控制

针对条件较好的大棚，安装有电动卷帘、排风机、电动灌溉系统等机电设备，可实现远程控制功能。农户可通过手机或电脑登录系统，控制温室内的水阀、排风机、卷帘机的开关；也可设定好控制逻辑，系统会根据内外情况自动开启或关闭卷帘机、水阀、风机等大棚机电设备。

### （三）查询

农户使用手机或电脑登录系统后，可以实时查询温室（大棚）内的各项环境参数、历史温度、湿度曲线、历史机电设备操作记录、历史照片等信息。

### （四）警告功能

警告功能需预先设定适合条件的上限值和下限值，设定值可根据农作物种类、生长周期和季节的变化进行修改。当某个数据超出限值时，系统立即将警告信息发送给相应的农户，提示农户及时采取措施。

基于上述功能，农业物联网目前主要有如下应用：温室智能控制、智能节水灌溉、水产养殖管理、食品溯源系统、专家咨询系统、花卉果蔬植保、水池水质监测、土壤墒情检测、大田环境监测与畜禽舍环境监控等。

## 二、食用菌养殖

在食用菌生产中，温度、湿度、光照和二氧化碳浓度等是影响其生长的重要环境因素，能有效调控影响食用菌生产的环境因素，有助于提高食用菌生产自动化程度和产量品质。但传统种植基本沿用老方法，每天需要大量人力，让工作人员去每个大棚里用二氧化碳检测仪检测二氧化碳浓度，去开启风机，去打开侧窗、天窗。而通过使用无线传感器网络可以有效降低人力消耗和对农田环境的影响，获取精确的作物环境和作物信息。食用菌物联网主要是通过在设施环境内安装部署温湿度传感器、光照传感器、二氧化碳传感器等设备，实时采集食用菌生长环境各环境指标数据，并通过现场无线传输网上传到本地监控中心系统，中心监控系统通过综合分析各个环境因子，将分析结果形成一系列控制指令再反馈给部署在控制现场的设备执行装置。比如，当空气温湿度低于设定值时，说明食用菌"口渴"了，这时信息会自动反馈到自动喷淋设备，该设备马上开始喷淋；温度高了自动开启风机等设备进行降温。这样，既确保食用菌能够在最适宜的环境中生长，又解决了菇农不能随时照看食用菌生长情况的问题。

## 三、养殖专业合作社水产养殖

影响水产养殖环境的关键因素有水温、光照、溶氧、氨氮、硫化物、亚硝酸盐、pH 值、盐度等，但这些关键因素既看不见又摸不着，很难准确把握。现有的水产管理是以养殖经验为指导，也就是一种普遍的养殖规律，很难做到准确可靠，产量难以得到保障。随着养殖业的不断发展，水产养殖环境智能监控系统的出现，提高产量与品质，势在必行。

通过运用物联网技术,养殖户可以通过手机、PDA、计算机等信息终端,实时掌握养殖水质环境信息,及时获取异常报警信息及水质预警信息,并可以根据水质监测结果,实时自动地调整控制设备以改善水质环境,实现水产养殖的科学养殖与管理,最终实现节能降耗、绿色环保、增产增收的目标。

天津市北辰区洪彪水产养殖基地,位于北辰区西堤头镇,项目总投675万元,目前有养殖水面1 200亩,主要养殖彭泽鲫鱼、乌克兰鳞鲤、南美大对虾等水产动物。根据洪彪水产养殖基地的需求,华夏神农物联网研发团队为基地定制开发了一套水产物联网监控预警系统,系统可实现通过手机、计算机等信息终端,实时掌握养殖水质环境信息,及时获取异常报警信息及水质预警信息,并可以根据水质监测结果,实时调整控制设备,如水溶氧低于正常水平,就开启制氧机;在设定时间,自动投饵等。水产养殖环境监控系统可充分地利用计算机及工业控制原理将水产养殖业纳入科学的管理之中,及时地监控、调节水产养殖的各种环境参数,极大地减少养殖人员精力的投入,实现以较少的投入,获得较大的效益。

## 四、葡萄合作社葡萄种植

河北省张家口市怀来县夹河葡萄专业合作社成立于2008年,有233户、1 100多村民加入合作社,注册资金达到1 000多万元。经过多年的努力经验,夹河葡萄专业合作社不但获得了国家级首批葡萄太空育种科研立项,还注册了“三道弯”品牌推行品牌化营销,每年人均增收6 000多元。

为了推进合作社种植基地向现代化、智能化发展,2014年夹河合作社与华夏神农公司展开了合作,为合作社打造专业的水肥一体化智能控制系统等多个物联网产品。

### (一)水肥一体化系统

根据合作社的需求和种植葡萄的特点,打造的水肥一体化系统实现智能灌溉,节水节肥。

### (二)传感系统

温室内部部署了多个采集节点,负责棚室内部生长环境的监测,包括空气温湿度、土壤温湿度、光照、二氧化碳浓度。

### (三)远程控制系统

用户可远程操控温室开膜通风、远程控制卷帘、远程二氧化碳施肥、远程灌溉、远程补光。

### (四)气象监测系统

气象信息对园区生产十分重要,集成高灵敏风向风速监测装置,实时感测户外环境因素。监测到的数据会通过无线传输系统,直接上传到中央控制室,供管理员查看。

系统自投入使用以来,运行稳定,操作简单易学,受到基地管理人员的认可和好评。

## 五、养殖场生猪养殖

随着社会的发展,污染的日益严重,环境越来越受人们的重视。同样,为了能让生猪更好更快地生长,只有为猪创造良好的生存和生产条件,才能达到投入饲料少、获取数量多、猪肉质量好的效果。对于养猪业来说,其生产主要受养殖品种、喂食饲料种类和质量、疫病、生长环境和管理水平等因素的影响。其中环境因素所起的作用尤为重要,占20%~30%的比重。猪舍环境因素包括温度、湿度、噪声、光照、有害气体(氨气、二氧化碳、硫化氢)、密度、通风换气等。

智能管理系统包括以下几个方面。

### (一)猪舍环境信息智能采集系统

影响猪舍内环境的因素包括二氧化碳、氨气、硫化氢、空气温度、湿度、光照强度、气压、噪声、粉尘等。二氧化碳、氨气、硫化氢、粉尘等气体的增加会导致猪发生疫情;空气温度、湿度、光照强度、气压影响着猪生长的质量;密度、温度、湿度、通风换气则影响着猪生长繁殖的速度。这些因素都可以设置标准值或值域范围,当超出正常范围时自动报警系统则会短信通知用户,用户可自行采取应对措施。

### (二)猪舍环境自动调控系统

实现养殖舍内环境(包括光照度、温度、湿度等)的集中、远程、联动控制。与物联网相连的有各种自动调节设备。当猪舍内照度、温度不在正常设定范围时,可远程控制开启或关闭天窗获取光照与温度,也可实时风机散热;当湿度不够时,则可打开水帘,增加湿度。

### (三)智能养殖管理平台

实现对猪舍采集信息的存储、分析、管理;提供阈值设置功能、智能分析、检索、报警功能;提供权限管理功能和驱动养殖舍控制系统。当用户在养殖过程中遇到不能解决的问题,还可以将信息或者图片传输到农业智能专家系统,生猪养殖领域的专家会为用户解答疑难,轻轻松松坐在家里就能掌握先进饲养信息。用户还可手动生成饲养知识数据库,当同类问题重复出现时,便能及时查看解决方法,不必大费周折,再寻良策。

“使用物联网以后,我们马上就能和大棚里的蔬菜‘对话’了”,农技师说。蔬菜它需要什么温度？什么时候要浇水？什么时候要施肥？浇多少水？施多少肥？你并不完全知道,或者只知道个大概,装上一个小小的无线传感器,农作物就会说话、有感觉、有思想了,大棚里的温度高了它会警告你,土壤里的湿度低了它会通知你,更准确地告诉你它的需求,使作物所需要的生长环境永远保持在最佳状态。

农技师现在只要坐在办公室里,电脑的页面停留在几片蔬菜叶子上,用鼠标一点点拉近,就可以很清晰地看到叶片上趴着几只小蚜虫。这样农技师通过物联网的远程监控系统发现了"敌情",可以立即给棚里的农民兄弟提了个醒,早做防护措施。

虽然物联网对于农业发展所带来的好处显而易见,但在使用上还未形成刚性需求。作为一个新兴事物,农业物联网正处在边试验边示范的阶段,有着广阔的应用前景。对于传统农业来说,物联网的成本过高,在没有见到效益之前,让农民提前投资难度较大。所以对于这一新事物,很多农民,甚至一些农业干部、政府部门还需要一个接受的过程,迫切需要转变观念。在加大政府扶持、建立补贴制度的同时,应尽快建立适应农业发展需求的商业模式,由市场引导、向市场要钱,是推动物联网发展的有效方法。

# 第二章　农村信息的采集

## 第一节　农业信息采集的方法

信息采集有多种方法,每种方法都有自己的适应范围,对农村信息员来讲,多是采用调查法,提倡要深入第一线,观察访问,做到腿勤、耳勤、口勤、手勤,掌握第一手资料。在信息采集方法的选择上,要贯彻经济性原则,什么方法简捷就采用什么方法。

### 一、网络采集法

网络采集法即通过信息网络采集信息。对于需要定期在固定网站上采集的特定信息,可以利用网络机器人 Robot 定时在指定网站上自动抓取,如"中国农业信息网"上发布的每日全国各地的农产品价格信息。Robot 有时也称为蜘蛛(Spider)、漫游者(Wanderer)、爬虫(Crawl)或蠕虫(Worm)等,是一种能够利用文档内的超级链接递归地访问新文档的软件程序。该程序以一个或一组指定的 URL 为浏览起点,按某种算法进行远程数据的搜索与获取,每访问一个页面,就自动提取该页面中出现的所有新的 URL,然后再以这些新的 URL 为起点,继续进行访问,直到出现没有满足条件的新 URL 或达到一定的限度(遍历站点的深度)为止。然后根据 HTML 标题或者分析整个 HTML 文档对所有单词建立本地索引,并产生本地数据库。对于需要定期在固定网站上采集的数据,如采集来自各大主流媒体网站的农业新闻,可以利用 Robot 每天定时在指定网站上抓取,可以离线一次性下载相关的网页,将这些网页经过筛选、分类、排序后存放在本地服务器上,工作人员再访问本地服务器获取相关数据。把 Robot 作为信息收集的手段,具有自动性,由于访问的是本地服务器,因此浏览速度快,使用方便,增强了信息采集单位搜索收集信息的能力,可以在较短的时间内、较大的范围内收集 WWW 文档信息。

但是,这种自动抓取的内容重点不突出,缺少对信息类型的准确划分,还需要人工干预,如采集外埠信息,就可以采用这种方法。

## 二、会议采集法

会议采集法即从各种会议上采集信息。现在一般会议都有材料,我们可将材料中有价值的内容整理成信息;没有会议材料的要做好记录。如情况允许,还可以用录音等方式把会议情况保存下来,从中整理出有用的信息。

## 三、调查采集法

调查采集法即通过调查研究来采集信息。调查研究是提高信息质量、挖掘高层次信息的主要手段,同时也是提高信息工作者业务素质的有效途径。信息采集的过程,实质上是调查的过程。通过超前性调研,可以了解、分析事物的现状及发展趋势,抓好预测性信息;通过跟踪调研,可以使信息采集反馈保持连续性;通过综合调研,可以采集一些带有全局性、宏观性和重大情况及问题的综合性信息。调查采集法又可分为以下几种。

### (一)访问法

电话及手机采集法即调查者与被调查者通过电话或手机交谈来采集信息。如采集各地农产品供求方面的信息,就可以采用这种方法。

### (二)观察法

借助自己的感觉器官和其他辅助工具,按照一定的目的和计划,对确定的自然现象或社会现象进行直观的调查研究。如采集农作物生长情况方面的信息,就可以采用这种方法。快速、有效地采集和描述影响作物生长的田间信息,是开展精细农业实践的重要基础。随着现代信息技术的不断发展,田间信息采集技术也在快速发展和不断更新。

### (三)书面采集法

通过调查者向被调查者发放收集材料、数据、图表、问卷来采集信息。如采集群众对某项政策是否拥护等民情、社情方面的信息,就可以采用这种方法。

## 四、电话传真采集法及手机在农业信息采集中的作用

电话及手机采集法即通过打电话、发传真来采集信息。在通过电话、传真索取信息时,要向被索要单位讲清报送的重点和把握的角度。

农村的信息化程度将决定整个中国的信息化进程,但是现在广大农村却依然处于信息不畅通、信息滞后、信息错位的状态,由此也导致了农村经济发展的滞后。由于经济状况、消费水平、思想观念等因素的影响以及传统媒介在农村的信息传播中有着自身不能克服的缺陷,如反馈性差、服务个性化不强等,农民不是很依赖传统媒介。他们需要一种简单、明了、实用、最好是能“一对一”的信息传播工具。而手机的一些特征,弥补了传统媒介的一些欠缺,正符合农民对传播工具的要求,所以对于农民来说手机无疑是一种很好的传播工具。

### (一)传统传播工具在农村信息化传递中的现状

农村信息化设施在逐步加强。随着“九五”、“十五”期间的建设,农村的信息基础设施已经得到了很大的提高和完善。但是,即使如此,传统的大众传播工具如电视、广播、报纸在农村中传递信息的作用却很有限。

农村中电视的主要功能是“消遣娱乐、打发时间”,农村受众观看的电视节目以电视剧居多。有调查显示,某省某农村全村250多户,电视的拥有量达到99%,但是接入有线的却只有20%,其他用户收视的频道只有央视一套、六套,再就是几个省的卫视和地方频道。由于受众的心理需求等原因,这个村的农民每天通过电视平均获取新闻的时间不足半小时。

广播的现实情况也令人不容乐观。除技术因素的影响外,广播内容也是针对城市居民居多。再加上广播在视觉、图画上的空白,对于文化程度不高的农民来说,他们更愿意看电视。据调查显示:农村中“几乎每天听”和“每周有几次听”广播的受众均仅为5.6%,在农村受众接触媒体频率中,排序大致为电视、广播、书籍、报纸、杂志。

受教育水平的限制,再加上报刊发行的原因,我国目前农民读报率只有10.4%,每天平均9.5分钟也就不足为奇了。与八九千万农民听不到广播、看不到电视相比,农村中读不到报纸、没有看过报纸者为数更多。也有调查显示,农村有的地区读报活动,已经排在了看电视、串门聊天、走亲访友、体育锻炼、读书等活动之后。业余活动不诉求于报纸,除经济、文化等因素外,无报可读也是一个重要原因。

对农村而言,网络媒体是一个全新的概念。据一项调查显示,普通的农村受众对网络媒体的接触几乎是一片空白。目前在农产品的销售、农业技术的学习、信息的获取等方面,古老的人际传播作用仍占很大比重。

### （二）手机在农村信息化传播中的优势和不足

传统媒体报纸、电视、广播在传播信息过程中有很多缺陷，比如互动性差，而网络媒体虽然能弥补传统媒体的缺陷，但由于其基础设施的不健全，它在农村的作用目前也很有限。

手机作为新时代高科技的产物，是在电信网与计算机网融合的基础上发展起来的，它是最新移动增值业务与传统媒体的结晶，有人称之为“第五媒体”，在农村信息传播中具有重要的作用。

一是买一部手机比较符合农民的消费观念。手机的持久耐用性以及价格的频频下降符合农民的消费观念，所以他们还是很情愿买一部手机。现在一些地方已经出现了不少“手机村”。

二是对农民来说手机是一种简单、方便、不用怎么花费脑筋的传播工具。传播学者施拉姆提出：人们选择不同的传播途径，是根据传播媒介及传播的信息等因素进行的。人们选择最能充分满足其需要的途径，而在其他条件完全相同的情况下，他们则选择最容易满足其需要的途径。从农民需求的角度讲，他们需要的是简单、明了、实用、针对性强的信息及信息发布方式，而手机的特征正好也符合了农民的需求心理。

三是手机的移动性、传播范围广，不受时间、地域的限制。手机的这个特点刚好弥补了农民分布得比较广、散的特点，只需要不到一秒，千百万农民的信息需求就能得到满足。

四是手机媒体在交互性方面也有着传统媒体无法比拟的优势。传统媒体的主要缺点之一就是信息反馈差而且是事后的，往往无法满足农民的需求。现在随着手机技术的发展，手机具备了短信、彩信功能等，农民在需要时，可以主动地咨询、发布信息，这正是手机媒体在农村信息传播中最大的优势。

五是手机传播的个性化，针对性强。手机现在就是个人消费品，手机特征更符合信息服务个性化、针对性的发展趋势。手机媒体所拥有的技术平台足以保证其在农村中"一对一"地满足农民的信息需求。例如,农民可以通过手机订阅新闻,即时了解到国内、本地的新闻。

依靠手机为农民传递信息,有时出现的问题也是不能回避的。农民在利用手机获取信息时由于其文化水平较低,接受新事物的能力较慢,手机的优点不会很快显露出来;现在农民的信息意识还不很强,辨别信息的可用性能力也不强,手机信息的大批量传播会让农民有应接不暇之感,甚至会错误使用;目前对农民来说手机功能单一,仅限于通话功能;从技术上来看,手机的信息存储量有限、终端屏幕小、传输速度不够等问题都是手机媒体面临的瓶颈。还有一些其他的问题,如出现的线路质量、话音质量和障碍维修、计费准确性和资费透明度等,也需解决和规范。

这些问题将会削弱农民接受信息的真实度,同时也会打击农民接受信息的积极性。但是应该有信心,手机在发展过程中将会克服这些问题,将其优势发挥到最大限度。

**(三)手机推动农村信息化建设的前景分析**

近年来随着经济的发展,农民的收入在不断增加,购买力也在不断提高,思想观念也发生了很大的变化,对于新兴产品的接受度也在增强。随着手机在农村地区的普及,以及政府和社会在这方面的重视,农民利用手机传播接收信息的门槛越来越低,手机媒体中的作用在农村也日益凸显出来。

我们之所以有动力、有信心去憧憬手机媒体在农村信息传播中的前景,主要是因为,当前农村手机高速普及,手机的各种功能,如上网、音频、图像、文字等不断地完善以及国内手机市场依然呈增长势头,多媒体手机正呈平价化的走势。这些都为农民拥有手机创造了条件,为手机在农村的信息传播奠定了物质基础。

在国家信息化的建设中，政府也越来越重视农村的信息化，而且政府及通信公司也慢慢地意识到手机在农村信息流通中的作用，将会推出一系列优惠政策。

经济发展对手机在农村的推广和使用至关重要，我国西部农村经济的不断发展带动了手机的普及，更不用说较发达的中东部农村了。农民购买能力的不断增强，使农民利用手机传递信息的门槛越来越低。

与电视、门户网站相比，手机媒体更容易控制。因为国内所有的手机用户只有移动、联通、电信再加上小灵通，就这么几家运营商，这是极为容易控制和集中传播信息与资讯的媒体。只要在政府的支持和干预下，手机在农村的信息传播作用将比传统媒体更强大。

**（四）手机在推动农村信息化建设过程中的具体操作**

将手机运用到农村信息化过程中的前景是美好的，但这不是某一个部门可以承担的，不管是软件还是硬件措施都涉及多个部门。农村信息化建设应由"政府牵头、各界配合、市场运作、电信实施"。由政府牵头、电信实施搭建农村现代化的信息平台，在目前来说是最符合我国经济现状的选择。

在农村信息化进程中政府的作用是举足轻重的，从政策、资金、技术、管理等各方面政府都要加大扶持力度。

在农村信息化建设的过程中，政府可以推出一些优惠政策。例如，由政府出面向较为贫困的农村推出一些低价手机，使这种新的传播工具在农村普及起来，同时加大农村通信费用的补贴，使农民可在没有经济顾虑的情况下使用手机。

政府应该加强农村通信基础设施的建设，在农村地区尽快地实现电视、电话、电脑网络的落实。近年来实施的"村村通工程"已经使全国95%的行政村通上了电话，为农村的信息化建设打下了坚实的物质基础。同时，还应该加强农村信息数据库的建设。不断强化、更新农村信息网络的建设,使手机与网络互相配合,发挥更大的作用。在农村地区投资建立多个营业厅,设立乡村代办点,激活农村这片土地的通信消费。

强化农民的信息观念。基层乡镇政府应该在这方面加大宣传力度,使农民认识到信息的价值。现在农民的文化水平还不高,对于一些复杂技术的学习很感头疼,各级政府要相互配合,定期在农村开设一些培训班,简单、直接、明了、通俗地给农民讲解一些实用技术的操作。如教农民发短信、咨询、预订新闻等,真正使农民感受到手机的优越性,从而信任、依靠手机。

组织一批专门的农业信息采集队伍。传统媒介在农村作用微弱,主要原因是缺乏对农村、农民情况及时、动态的了解。手机媒介在农村信息的传播过程中要构建"一对一"的模式,需要建立信息采集点,组织农村信息采集队伍。各地要使政府与当地的涉农机构、农业专家联合起来,实现实时动态地对各地区、各自然村、典型农户的农业信息的收集与整理;也要与当地的农业信息发布机构紧密联系,以便及时、有针对性地为广大农民免费提供养殖、种植、市场、农业科技、劳务输出等各方面的信息。农民也可以主动地咨询,获取需要的信息。

除了政府的作用外,还需要社会各界通力合作:

一是通信公司应针对农村开通一些手机服务。如短信、12580、10086之类的免费电话等,使农民通过声音、文字、图片、视频、音频等多方面获取信息。

二是通信公司与一些涉农机构联合。气象预报、科技种田、果树栽培、家禽驯养、外出务工等信息与农民是息息相关的,这就需要通信公司与其他机构联合起来,加大农业信息资源整合力度。如通信公司与当地的农业厅、畜牧厅、气象局、农业科研机构等涉农机构合作。专家坐镇把关,专门向农民发布相关的农业信息,以回答农民的询问,共同打造农村信息网生产链,建立综合农业信息服务体系,帮助广大农民依靠农业信息致富发展。

三是与传统媒介的联合。农民需要的不仅是致富信息,也渴望了解外面的世界,手机可以和一些传统的媒体结合起来,如与报纸、电视台、出版社联合,将传统媒体最新的最实用的信息整合、梳理,免费发给农民;还可以让农民通过手机上网去查找、咨询、娱乐。现在短信网址的出现和应用对于信息匮乏的农村来说,其操作简单、价格低廉的特点更是极大地方便了农民朋友点播或定制农业信息,查询供求、价格、技术类信息。越来越多的农村"拇指族"正在体验移动信息化带来的新冲击。

综上所述,手机的高普及率、移动性、便携性、互动性、服务的针对性,这些优点正是农村、农民对传播工具的诉求。这就使手机较之传统媒介在农村信息传播中拥有更为广阔的空间。随着手机与网络技术的结合,它的功能将越来越全面,它不仅能像传统媒介一样传输文字、声音、图片,而且拥有了音频、视频等多媒体功能。这些功能为手机向不同需求的用户提供个性化的服务奠定了基础,相信在不久的将来,手机将会是农村信息传播的主力工具,其前景是十分辉煌的。

### 五、阅读采集法

阅读采集法即通过阅读报纸、文件、报告、简报等读物来采集信息。在这些读物中蕴涵着大量有价值的信息,我们要善于在纷繁庞杂的文稿中把其中最有价值的内容予以加工提炼,编成信息。

### 六、交换采集法

交换采集法即通过与兄弟地区或单位交换资料来采集信息。

农业信息的采集从主观上又可分为三种：

**(一)定向采集与定题采集**

(1)定向采集指在计划采集范围内,对特定信息尽可能全面、系统地采集。为用户提供近期、中期、长期的信息服务。

(2)定题采集指根据用户指定的范围或需求内容,有针对性地进行采集工作。实践中,二者通常同时兼用、优势互补。

**(二)单向采集与多向采集**

(1)单向采集指对特殊用户的特殊需求,只通过一条渠道,向一个信息源进行具有针对性的采集活动。

(2)多向采集指对特殊用户的特殊需求,多渠道、广泛地对多个信息源进行信息采集的活动。此方法的优点是成功率高。缺点是容易相互重复。

**(三)主动采集与跟踪采集**

(1)主动采集指针对需求或预测,发挥采集人员的主观能动性,在用户需求之前,即着手采集工作。

(2)跟踪采集指对有关信息源进行动态监测和跟踪,以深人研究跟踪对象,提高信息采集的效率。

## 第二节　农业信息采集的重点

信息是物质运动的反映。信息的流动必须与物质运动相一致。从信息的特征上看,信息可以分为三大类:一是教育类信息,它和行为之间关系复杂,如技术信息等;二是娱乐类信息,它本身就是消费;三是决策类信息,它可以指导人们的行为,如著名的“荒岛0鞋”信息,面对一个荒岛上所有光脚的人,甲推销员说,这里的人都不穿鞋,所以这里没有卖鞋的市场。乙推销员说,这里没有人穿鞋,市场空间太大了。同一个信息,理解方法不同,利用价值就不同。现在我们已进入信息时代,信息已成为人们生活的一部分。但是,真正值得关注的信息是对人们有用的那一部分信息,以及能够重复使用的信息源。

## 一、农业信息采集的内容

### (一)自然资源信息

1. 生物资源

(1)动物资源　指野生动物与饲养动物信息。

(2)植物资源　指野生植物和栽培植物信息。

(3)微生物资源　指食品微生物和微生物肥料等信息。

2. 土地资源

指地形地貌、耕地、草原、林地资源、水域资源、苇地资源及城市、工矿、交通用地和未利用土地资源等信息。

3. 气象资源

指光照资源、热量资源、降水资源等信息。

4. 水资源

指地表水和地下水资源信息。

5. 农村能源

指生物能源、矿产能源、天然能源等信息。

6. 自然灾害

指农业自然灾害的种类、危害等信息。

### (二)农村社会信息

1. 农村基础信息

(1)农村人口。指农村人口构成、农村人口素质、农村劳动力等信息。

(2)农业区划。指综合农业区划、自然条件区划、农业部门区划、农业技术改造措施区划等息。

(3)农业机构。指各级管理农业的党政部门、科研机构、技术推广机构、农林牧渔等信息。

(4)农田水利建设。指农田水利工程建设、水利法规建设等信息。

(5)农村电气化建设。指农村电源建设、农村用电、农村用电管理等信息。

(6)农村生产关系。指农村经济体制改革、农业经济法制建设等信息。

2. 农业教育与文化信息

(1)农业教育。指普通高等农业教育、普通中等农业教育、农业成人教育、义务教育及培训等信息。

(2)农村文化。指农村文化艺术、农村广播电视、农村卫生、农村体育、古代农业文化遗产等信息。

(3)农业政策信息。指与农业生产、生活相关的各类法律、法规、规章、制度等信息。

(4)农村基层组织建设与思想建设信息。指农村党支部、乡村政权组织、村民委员会、农村合作经济组织、农村社会主义思想教育、农村社会主义精神文明和政治文明建设等信息。

(5)农业标准信息。指国外先进标准、国际标准、国家标准、行业标准、地方标准等信息。

**(三)农村经济信息**

1. 农村管理信息

如会计信息、土地流转信息。

2. 农业生产水平信息

指种植业、林业、畜牧业、水产业等农村产业结构与布局信息。

3. 农业资金投入信息

指农业基础设施建设、财政支农、农用信贷、农村集体和农户等资金投入信息。

4. 农业生产资料信息

指农用化肥、农药、农膜、农机、柴油等生产资料信息。具体可分为：

农用机械设备信息，包括拖拉机、柴油机、电动机、联合收割机、水泵、烘干机、农用汽车、渔业机船、饲料粉碎机等。

种子、种苗、种畜、耕畜、家畜、饲料。

化肥、农药、植保机械、农用薄膜等。

农用燃料动力、钢材、水泥及特种设备和原材料等。

5. 农村经济收益分配信息

指农村经济收入和支出信息。

6. 农业经济技术国际交流与合作信息

指农业利用外资、对外科技交流与合作、农副产品出口贸易、技术合作与边境协作、援外工作等信息。

**(四)农业科学技术信息**

1. 农业科学

指农业(种植业)、畜牧业、林业、农业机械、水产、水利、农业气象等方面科学研究的信息。

2. 农业技术

指农业(种植业)、畜牧业、林业、农业机械、水产、水利、农业气象等方面农业技术及推广的信息。

**(五)市场信息**

指农产品流通、农产品价格、农产品集市贸易等信息。

### (六)其他相关信息

指其他与农业有关的信息。

## 二、农产品供求信息

农产品供求信息是农产品流通过程中反映出来的信息。农产品流通是指农产品中的商品部分,以货币为媒介,通过交换形式从生产领域到消费领域的转卖过程。农产品流通大多是从分散到集中再到分散的过程,即由农村产地收购以后,经过集散地或中转地,再到达城市、其他农村地区或国外等销地的过程。在社会再生产过程中,农产品作为四个环节之一,起着连接农业生产与农产品消费的纽带作用。它不仅对农业生产起引导和促进作用,而且对以农产品为原料的工业生产,对城乡物资交流、经济合作,完善农村市场,满足消费需求,进而推动整个国民经济发展有着重要的意义。采集农产品供求信息,要注意弄清农产品的种类、数量、产地、规格、价格、时效等信息元素。

包括农业生产和农产品流通以及整个农村经济中出现的新情况、好典型等。如成功的科研成果的开发应用、成功的优化种养模式、成功的规模经济典型、农产品流通新举措、农业增效农民增收好的思路、做法及其典型等。

## 三、农用生产资料供求信息

农用生产资料供求信息可以分为以下几类。

(1)农用机械设备,包括拖拉机、柴油机、电动机、联合收割机、抽水机、水泵、烘干机、农用汽车、农渔业机船、饲料粉碎机等。

(2)半机械化农具,又称改良农具,包括以人力、畜力为动力的农业机具。

(3)中小农具,指人力、畜力使用的铁、木、竹器等农具。

(4)种子、种苗、种畜、耕畜、家畜、饲料。

(5)化肥、农药、植保机械、农用薄膜等。

(6)农用燃料动力、钢材、水泥及特种设备和原材料等。

农村信息员要根据农用生产资料供求具有季节性、地域性、更新快等特点,及时采集农用生产资料供求信息,满足农业生产需要。

## 四、农村劳动力供求信息

我国农村劳动力流动有其客观必然性,农村信息员要努力掌握其规律,及时采集、发布农村劳动力供求信息,引导农村劳动力顺畅、合理、适度流动。

### (一)区域流动

即从一个地区向另一个地区流动。区域流动可分为:农村劳动力从不发达农村向发达农村流动,农村劳动力向城镇流动。

### (二)产业流动

即农村劳动力在三个产业之间流动。产业流动可分为:农村劳动力在农、林、牧、渔四业之间流动,从农业向非农行业流动。

## 五、市场价格信息

我国农村市场随着改革开放的不断深入而发展壮大,目前农村市场体系正在逐步健全,市场功能日臻完善,市场的特殊功能已被越来越多的人所重视。现在中央、省、市农业部门的信息网站都已开通了市场价格信息专栏,农村信息员要及时采集和传播这类信息,为引导农民调整产业结构,搞好服务。

市场价格信息通畅可以引导农民合理安排农业生产。在蔬菜、畜禽、水果、中草药等生产领域,由于市场供求信息不能及时传递给农户,这些农产品在局部地区经常会出现“卖难贱卖”或“买难涨价”的市场波动现象。可见,市场价格信息对解决“萝卜哥”或“蒜你狠”有重要的现实意义。

## 六、土地租赁开发信息

2003 年 3 月 1 日开始实施的《农村土地承包法》中明确了农民土地承包经营权的流转,规定了该流转权包括继承、收益、作股、转包、出租、互换、转让等权利及方式。对此,有评论说,这是中国土地制度的第三次创新。中国土地制度的第一次创新是 1950 年以后土地改革,废除了封建土地所有制;1979 年开始的包产到户的家庭联产承包责任制则是中国土地制度的第二次创新,这样的制度在很短的时间内就基本解决了中国的温饱问题;这次农村土地使用权有偿、合理流转,必将给中国农民带来巨大的变化,这是中国土地制度的第三次创新。今后,土地租赁开发方面的信息,将会有越来越多的市场,农村信息员要顺应这种变化,关注和采集这方面的信息,积极开拓信息工作新渠道。

## 七、农业信息采集技术面临的问题和对策

中国属于发展中国家,与发达国家相比,我国农业领域中计算机技术、数据采集技术的应用还相当薄弱,某些方面甚至还是空白。解决的方法由于农业经济基础差,农业基层单位用不起新技术,因此推广起来有相当的难度。解决的方法应从以下几个方面考虑。

第一,研发适合对路的科技产品。农业生产应用计算机的好处在于:它可以提高产量和产品质量,这是手工生产所不能比拟的。

第二,针对不同的使用对象,研发高、中、低不同层面的数据采集科技产品,价格也会有高低之分,这样才有利于推广应用,

因为售价往往起决定性的作用。

第三，加强宣传，提高科技兴农、科技强国的观念，引导农户增强使用科技新产品应用于农业生产的意识，促进农产品产量和质量的提高。

农村信息员面对信息采集技术落后的现实，利用网络收集信息是克服技术落后的好对策。

## 案例：生猪上市价格信息的作用

7月猪肉32元/千克、毛猪19.2元/千克，河南省市场猪肉和毛猪的价格分别创下历史新高。一个聪明的信息员总结各方面的网络信息，得到了生猪价格上涨的原因主要有以下几点。

一是养猪要素成本上升导致猪价上涨。2010年下半年以来我国玉米、小麦、稻谷等主要粮食品种价格大幅度上涨，推高了饲料等养猪成本。豆粕当前价为3 500～3 600元/吨，去年同期为2 500元/吨；玉米当前价为2 600元/吨，去年同期1 600～1 800元/吨；添加剂价格比去年同期也上涨了20%～30%。在养猪饲料原料中，玉米占60%，豆粕占20%，其他原料在20%。主要饲料原料价格的大幅上涨导致了饲料价格的上涨，据测算，每吨饲料同比增加620元，而包括饲料、工人工资、屠宰贩运等各个环节价格的上涨，必然引起生猪和猪肉价格的上涨。而且猪肉的需求价格弹性较低，在一个有效率的市场中必然由消费者承担上升价格的大部分。

二是受生猪生产周期性的波动影响。周期性波动引起的供需失衡导致均衡价格提高。前几年的猪肉价格持续走低，生猪养殖户的亏损比较厉害，在生产者缺乏市场信息和对未来市场缺乏预测能力的前提下，部分养殖场(户)减小规模甚至退出养猪行业，特别是大量散户因为风险而退出养猪行业。生猪的生产有一个规律，就是每3～5年必会出现一次价格峰谷变化的规律。此轮猪价上涨自去年9月开始,而从2007年开始生猪及猪肉价格一路下降,其间正好3年时间。据了解,2007年生猪最高价也曾达到19.4元/千克,而去年9月前的价格仅8.4元/千克,一斤毛猪的价格差几乎达到5元。在供求关系的自动调节下猪肉价格的上涨也就成了一种必然。可以说供需不平衡是这次价格上涨的最主要的原因。

三是成本效益显示属正常市场价格现象。据对规模养猪户的调查,以饲养100千克生猪计算,每出栏一头猪需投入成本1 402元,其中饲料1 152元,人员工资、药品、水电等200元,其他,包括污水处理、病死、损耗50元。而销售收入按目前19.2元/千克计算,为1 920元。即出栏一头猪利润为518元,按玉米2 600元/吨价格计算,猪粮比价为1∶5.02,属于正常比价范围。

四是通货膨胀压力影响。5月我国的CPI同比达到5.5%,6月CPI同比达到6.4%,在这样的大坏境影响下,生活资料价格普遍上涨,生猪价格也被不断推高。

五是生猪存栏量减少。生猪疫病影响导致存栏量下降,据有关部门透露,北方仔猪不明原因的腹泻导致仔猪死亡率达50%以上。2012年7月信阳养殖大户朱光明存栏1 500头猪,死亡580头,另外920头也没等到出栏就做了处理。特别是由于前几年生猪市场价格持续低迷,养殖母猪相对周期较长,母猪存栏量下降,统计部门数据显示,今年上半年,全市存栏母猪54.23万头,同比下降2.0%。另外,随着生猪价格涨势明显,养殖户惜售心理增强,这也对生猪价格上涨起到了助推作用。

通过这个信息,养殖企业很快就可以分析原因,找到降低成本的方法。对于消费者,也弄清了猪肉涨价的原因。

### 案例:河南省托市小麦拍卖“搅动”市场神经

随着“双节”临近,面粉销售将进入旺季,加工企业对原料的需求趋于旺盛。河南2013年托市小麦的适时投放，对缓和市场供需、稳定市场麦价将起到积极作用，加之进口小麦数量增加，调剂能力增强，后期麦价难起大的波澜。

从河南省2013年产托市小麦的两次拍卖情况看，虽然投放量仅有10万吨，但参拍积极，竞价激烈，成交火爆。一方面说明市场对质优粮源需求旺盛，另一方面也显示当前市场高质量小麦供给仍显偏少。

1. 质优小麦市场青睐有加

2013年小麦受天气及病虫害的影响，其质量普遍下降是公认的事实。市场普遍反映，今年小麦容重普遍下降一等，二等以上小麦数量偏少，三等及以下小麦数量在据主流，尤其面粉加工企业实际可用的小麦商品量并不高。今年夏收以来，各市场主体不仅入市收购积极，而且质量较好小麦与质次小麦的差价相对明显。

受种植面积下降和不良天气的影响，今年国内优质小麦产量大幅减少。市场人士预计，今年国内优麦产量较去年减产二至三成，各企业的收购数量较去年减少三成左右。当前河北2013年产“师栾02－1”收购价格为2 640元/吨，河南延津“新麦26”收购报价2 630元/吨，基本有价无市。

今年以来，国家政策性小麦投放一直处于500万吨左右的较高水平，供给整体呈现宽松。但从成交结构来看，不同年份产的小麦成交走势分化明显。临储小麦与2013年产小麦成交数量居高不下，而以前年份最低收购价小麦成交相对低迷，也说明市场高质量小麦供给偏少，市场对后期质优小麦的供给仍存担忧。豫麦入市利于市场稳定。

据了解，2013年河南省收获小麦总体质量较好，三等以上小麦接近九成，30多个品种达到优质强筋标准。由于当前市场高质量小麦供给偏少，2013年产小麦一投放市场，自然就受到诸多粮食加工企业的青睐。

有市场人士认为,河南省2013年托市小麦竞价相当火爆,成交均价已经基本接近当前小麦市场成交价格,再加上后期出库及其运输费用,到厂价格会略高于目前市场价格,高企的拍卖价格或会引领小麦市场价格走高。

也有市场人士认为,此次2013年新麦入市虽然关注度高,但由于规模较小,预计对小麦价格的影响也将有限。

笔者认为,随着"双节"临近,面粉销售将随之进入旺季,加工企业对原料的需求趋于增加。河南2013年托市小麦的适时投放,对缓和市场供需、稳定市场麦价将起到积极作用。如果后期小麦价格出现大幅异常走高,国家肯定会加大小麦的出库数量,这将会大大增强小麦市场的稳定预期。

2. 进口增加调剂能力增强

国家粮油信息中心最新预计,2013—2014年度我国小麦进口量将达到650万吨,较上年度高出360.5万吨;美国农业部对华小麦出口预测数据也增加到了950万吨。

7月,我国小麦进口量逾30万吨,环比增长近10万吨;1~7月我国已累计进口小麦逾170万吨。可以看出,进口小麦已成为我国小麦市场重要的供给源之一。

进口小麦数量的增加,虽难以对国内小麦市场形成冲击,但从另一方面看,也必定会相应挤占国内小麦的市场需求份额,市场的调剂与调控能力增加。据了解,今年上半年订购的小麦到港时间多为下半年,在时间和数量上均能缓解制粉企业尤其是南方大型制粉企业的需求。

## 第三节　农业信息采编

### 一、信息编写的“五个要点”

一般而言，编写一篇完整的文字信息要注意把握“五要素”，即编写信息的“五个要点”：

第一，要有观点。观点是整篇文章的中心思想，是整篇信息的主题，在阐明观点时，一定要注意观点的新颖性，要有独到的见解，有深度，参考性要强。为了突出题目，观点一般可以以文字形式做信息题目。在编写信息、拟题目时，一般都应直接点题，亮明观点。

第二，写导语。信息的开头要有个导语，这个导语是说明以上观点的。“导语”也是“总的情况”，即一个事物的现状、发展概况、结果等用以说明或论证观点。如果将观点用作题目，文章开篇就要说明观点的总的情况。这样可以省去许多笔墨，使信息具有自然、简洁、明快的特点。

第三，记叙事件过程。就是进一步展开观点，对具体情况进行陈述和分析。主要是用来说明上述的“总的情况”（导语），也是比总的情况更进一步地说明观点。

第四，分析结果，即进行结论。要用定性或定量的看法，分析成因或事物发生的结果。这一要素的具备，能以结论的形式使信息的观点更加鲜明。

第五，进行预测或提出建议，即指明事物发展的方向、趋势。一篇信息的参考价值不仅体现在上述的四要素之中，而且还相当程度地体现在这一要素之中。甚至，有时这一要素更能直接启发、诱发和引起信息服务对象（领导者）的联想和决策的决心。这一要素的存在，是信息高质量、高价值、高层次、完整性的体现。因此,写好这一要求十分重要,必须要有鲜明的见解和明确而又深邃的判断,才能写好这一要求。就一篇短小精焊的信息,有时不需要写出这一要求,但对于一篇信息分析与预测性的文章,此要求是必备要素。

## 二、编写好信息的标题

### (一)主题鲜明

一条好的信息,不仅需要好的内容,而且需要好的标题。编写信息时,要注意题目的鲜明、生动。

### (二)标题必须吸引人

有些编发的信息,常常因为标题的一般化,没有吸引人的魅力,或因为文字冗长,或因为观点不明确,被读者从视线中过滤而失去被采纳利用的机会。

### (三)要选择好标题的角度

信息稿件选择题目是很重要的,标题是文章的眼睛,是会说话的,好的标题确实能给稿子增色。俗话说:“有粉擦在脸上。”既然稿子都认真编写了,要再花些功夫制作出既能突出主题又语言精美的标题来,会给这条信息添彩的。

### (四)题目既要精又要深

标题范围尽量小些,写得深些,不要面面俱到,什么都写,什么都写不深。要善于抓住最有影响的一点,这样就能够深入下去了。

### (五)选择一个好的标题必须进行三个比较

一是在标题的新与旧上的比较。抛弃陈旧老套的标题,选择新鲜独特的标题。把信息反映的事物的发展与原有状况相比较,可以选择到新标题。事物总是不断地向前发展的,它在发展的每个阶段，都有与之相适应的新的思想、观点、意义和价值，认真地进行比较区分它在发展过程中哪些属于原有状况，哪些属于新的发展，这样，新鲜的标题就显露出来了。

二是在标题的深浅上的比较。抛弃思想肤浅的题目，选取立意深刻的标题。深是指能揭示所反映的事物的规律和本质，反之，不能揭示事物的规律和本质，则谓之浅，标题要戒浅求深。比较标题的深浅又可以分为三个层次：第一，比较不同的题目对所反映事物的规律和本质揭示得如何；第二，比较不同题目在同类事物中的地位和作用如何；第三，比较不同题目在全局乃至当今社会和时代的普遍意义如何。这样层层深入地进行比较，一般来说，就能选择和提炼出立意新颖、深刻的标题来。

三是在标题的散与聚上比较。抛弃"大而全"的松散的题目，选取"小而聚"的拔尖标题。标题最忌贪求大全的长题目，大标题必然松散乏力，"小而聚"才能火力集中。标题是散是聚，要比较题目是集中到最重要的一点，还是涉及面太宽；是把最有价值的那一点说透，还是把涉及的诸多问题说透等。

# 第三章　电子政务

## 第一节　办公自动化系统

### 一、办公自动化的功能、目标与层次

#### （一）字处理

字处理是办公室自动化的基础。字处理指的是利用计算机来输入正文，把正文存储在磁存储介质上，在准备输出的过程中操纵正文，打印输出正文。正文处理包括把姓名和地址文件同相应的格式信件归并在一起这样的任务，无论如何更复杂的数据操纵，都将归入数据处理这个应用方面。

#### （二）数据处理

某些数据处理（DP）应用已与办公室自动化结合在一起。最普通的系统包括事务调度、日程安排、人事安排、设施管理以及旅行安排等。

#### （三）数据录入

数据录入业务通常更多地包含在数据处理或信息系统的内部，但是由于它是一种传统的办公业务，所以数据录入多少总与办公室自动化联系在一起。

#### （四）电子邮件

在电子邮件应用方面，通过计算机就能把文件发送给公司

内部的人;在某些情况下,能发送给公司外面的人。

### (五)传真

传真设备能够把影像(硬拷贝资料)经由电话线路传递给另一个办公室。这些传真设备能够独立于字处理或数据处理计算机而工作。

### (六)声音处理

声音处理包括举行电信会议和声音信息转换。举行电信会议的声音和影像是电话网络支持传递的。除不能得到拷贝之外,声音信息转接(一种能存储并递送的“声音邮箱”系统)达到了像数据信息转接或电子邮件一样的目的。把发送人的声音数字化并存储在磁盘上供以后检索用。在指定的接收人请求时,就把这些数字化了的信息发送给指定的目的地。在这两个方面的应用中,没有一个是要由字处理计算机或主计算机来支持的。

目标:实现敏捷管理为目标的办公自动化系统建设。

办公自动化分为三个不同的层次。

第一个层次:只限于单机或简单的小型局域网上的文字处理、电子表格、数据库等辅助工具的应用,一般称之为事务型办公自动化系统。

第二个层次:是把事务型(或业务型)办公系统和综合信息(数据库)紧密结合的一种一体化的办公信息处理系统,一般称之为信息管理型办公自动化系统。

第三个层次:它建立在信息管理型办公自动化系统的基础上。它使用由综合数据库系统所提供的信息,针对所需要做出决策的课题,构造或选用决策数字模型,结合有关内部和外部的条件,由计算机执行决策程序,做出相应的决策。一般称之为决策支持型办公自动化系统。

## 二、信息收集

收集信息是决定系统通用性强弱的一项关键步骤，其中对数据格式的处理又是重中之重。数据格式定义功能决定着系统的开放难度、操作简易程度和通用性，应适当考虑。根据数据格式定义的强弱，分为以下两种信息收集方法。

### （一）以网页方式收集信息

将信息的所有字段都作为字符串处理。字符串可以包括其他信息格式，系统仅提供限定字符串长度的功能，其他格式要求由用户自行掌握。这样收集模块可采用动态网页技术，直接由脚本语言编写而成，每次收集到的信息提交给其他页面处理。

### （二）使用 Infopath 作为信息提交工具

Infopath 是微软公司的 Office 组件之一，其作用就是设计和填写表单，进行数据收集功能。

## 三、信息交换

在 Windows 中，应用程序之间的信息交换经历了以下几个阶段。

### （一）剪贴板

Windows 环境下，信息交换最原始的方式是通过剪贴板来实现的。剪贴板是一个临时存储区域。为了把文件或图形从一个应用程序复制到另一个应用程序，可以先把要复制的内容放到剪贴板中，然后再粘帖到目标处。

动态数据交换改变了剪贴板的手工操作方式，能直接把数据从一个应用程序传送到另一个应用程序。在使用动态数据交换进行通信的两个程序中，信息接收方成为客户，信息提供方成为服务器。

### (二)对象连接与嵌入

通过一种"以文档为中心"的计算模型,使得一个应用程序可以使用其他应用程序的功能。在使用对象链接与嵌入时,可以在文档中嵌入一个对象:当嵌入一个对象时,将在文档中存放一个此对象的复制,源对象的修改不会影响到文档中的对象。也可以连接一个对象:当连接一个对象时,只在文档中存放一个对象文件的索引,每次打开时保持对象内容的同步。

### (三)ActiveX

可看作一种用于 Internet 的对象连接与嵌入技术。

## 第二节 政府上网与电子政府

### 一、政府上网

所谓政府上网,简单地说就是政府职能上网,在网络上成立一个虚拟的政府,在 Internet 上实现政府的职能工作。政府上网内容可分为四个部分:政府部门形象上网、组织机构和办事程序上网、相关政策产业信息上网、政府自己的专有信息上网。其中第四部分是每个政府机构最有特色且能根深蒂固地改变政府机关,向今后的电子政务、电子政府方向发展的重要基础。

### 二、电子政府

电子政府是指在政府内部采用电子化和自动化技术的基础上,利用现代信息技术和网络技术,建立起网络化的政府信息系统,并利用这个系统为政府机构、社会组织和公民提供方便、高效的政府服务和政务信息。

## 三、电子政府职能

人们普遍认为电子政府仅仅是在因特网上提供政府服务而已。这种看法有失偏颇,有两方面原因:首先,它缩小了电子政府的职能。因为既忽略了政府广泛的非直接的服务,也没有意识到除因特网之外,还应用了其他大量重要技术;其次,它将电子政府的实质过分简单化,给人一个假象——一个设计优美、面向用户的网页就是政府的全部。这样就忽略了在人力、工具、政策及流程上的巨大投入,忽略了其背后电子政府内部自身所做的大量工作。电子政府工作的概念应该是指利用信息技术来支撑政府运作、管理市民并提供各项政府服务。

电子政府体现了政府自身职能,包括以下四个重要方面:

(1)服务:它以电子形式发布政府信息、计划及服务,常常通过(但绝不是全部)因特网来实现。

(2)民主:它采用电子通讯手段帮助市民参与公共决策过程。

(3)商务:它包括实物和服务的电子交换,例如市民交付税和公共设施费用、续办车辆登记、娱乐项目消费、政府购买供给物品和拍卖剩余设备。

(4)管理:即利用信息与技术改进政府管理,从流线化业务流程到维护电子记录,改善工作流程并对信息加以整合。

## 四、政府门户网站

在我国,政府上网主要通过以下几个步骤实现。

### (一)在网上建立政府站点

在网上建立政府站点,提供可公开的信息资源。

### (二)将站点与政府的办公自动化网连通

将站点与政府的办公自动化网连通,与政府各部门的职能结合,使政府站点成为服务窗口,利用政府职能启动行业用户上网工程。

**(三)制定政府信息资源组织和更新制度**

制定政府信息资源组织和更新制度,确保网络与信息安全。

# 第四章　计算机基础知识

## 第一节　计算机的系统组成

一个完整的计算机系统由硬件系统和软件系统两大部分组成,如图 4－1 所示。

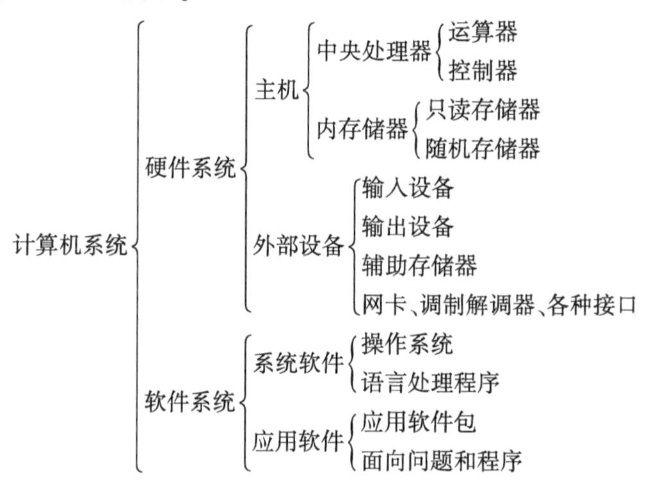


**图 4－1　计算机系统的基本组成**

硬件(Hardware)是指计算机的电子器件、各种线路及设备等,是看得见摸得着的物理设备,是计算机的物质基础。例如,CPU 芯片、显示器、打印机、硬盘驱动器、软盘驱动器等均属于硬件。

软件(Software)是指维持计算机正常工作所必需的各种程序和数据,是为了运行、管理和维修计算机所编制的各种程序的集合。软件的建立是依托在硬件的基础上，没有硬件对软件的物质支持，软件的功能无从谈起。软件是计算机系统的灵魂，没有软件的硬件“裸机”，将是一堆废物，不能供用户直接使用。硬件系统和软件系统组成完整的计算机系统，它们共同存在、共同发展，两者缺一不可。

## 第二节　计算机的硬件系统

### 一、运算器(Arithmetic Logic Unit)

运算器是计算机进行算术运算与逻辑运算的主要部件。它受控制器的控制，对存储器送来的数据进行指定的运算。

### 二、控制器(Control Unit)

控制器是计算机的指挥中心，它逐条取出存储器中的指令并进行译码，根据程序所确定的算法和操作步骤，发出命令指挥并控制计算机各部件工作。

控制器与运算器一起组成了计算机的核心，称为中央处理器，简称 CPU(Central Processing Unit)。

### 三、存储器(Memory)

存储器是计算机的存储部件，用于存放原始数据和程序。0、1 代码串(包括二进制数)的“位”又称为“比特”(bit)。为了便于对存储器的管理，把存储器按 8 位或其倍数划分存储单元。也就是说，计算机的 1 个存储单元最少有 8 位。将 8 位(bit)称为 1 字节(byte)，并以字节作为计算存储容量的单位。所谓存储容量就是所有存储单元能存储的数据量的总和。一个字节包含 8 位，记为 1B，1 024字节记为 1KB(1 千字节)，1 024KB 记为1MB(1兆字节),1 024 MB记为1 GB(1千兆字节)。给每个存储单元指定一个编号,作为存、取数据时查找的依据,称为存储单元的“地址”。

计算机存储器通常有内部存储器及外部存储器两种。

内部存储器简称内存,又称为主存储器,主要存放当前要执行的程序及相关数据。CPU可以直接对内存数据进行存、取操作,且存、取速度很快,但因为造价高(以存储单元计算),所以容量比外部存储器小。

内部存储器可分两类。一类是只能读不能写的只读存储器(ROM-Read Only Memory),保存的是计算机最重要的程序或数据,由厂家在生产时用专门设备写入,用户无法修改,只能读出数据来使用。在关闭计算机后,ROM存储的数据和程序不会丢失。另一类是既可读又可写的随机存储器(RAM-Random Accessed Memory)。在关闭计算机后,随机存储器的数据和程序就被清除。通常说“主存储器”或“内存”一般是指随机存储器。

CPU与内部存储器一起称为计算机的主机。

外部存储器简称外存,又称为辅助存储器,主要存放大量计算机暂时不执行的程序以及目前尚不需要处理的数据。因为造价较低,因此,容量远比内存大,但存、取速度要慢得多。

## 四、输入设备(Input Device)

输入设备通过接收电路把原始数据和程序转换成0、1代码串输入到计算机的存储器中。计算机的输入设备种类很多,常用的有键盘、鼠标、麦克风、摄像头(网眼)、扫描仪、触摸屏、光笔等。

## 五、输出设备(Output Device)

输出设备通过接口电路将计算机处理过的信息从机器内部表示形式转换成人们熟悉的形式输出,或转换成其他设备能够识别的信息输出。例如,将处理过的信息以十进制数、字符、图形、表格等形式显示或打印出来。输出设备的种类也很多,常用的有显示器、打印机、绘图仪、喇叭或音箱等。磁盘驱动器和磁带机本来属于外部存储器,但兼有输入、输出的功能。因此,也作为输入设备或输出设备看待。

## 第三节　计算机的软件系统

软件系统是指使用和发挥计算机效能的各种程序和数据的总称。根据软件的功能及其与硬件和用户的关系,可将计算机软件系统分为系统软件和应用软件。应用软件必须在系统软件的支持下才能运行。没有系统软件,计算机无法运行;有系统软件而没有软件系统,计算机还是无法解决实际问题。图 4 –2 给出了计算机软件系统的构成。

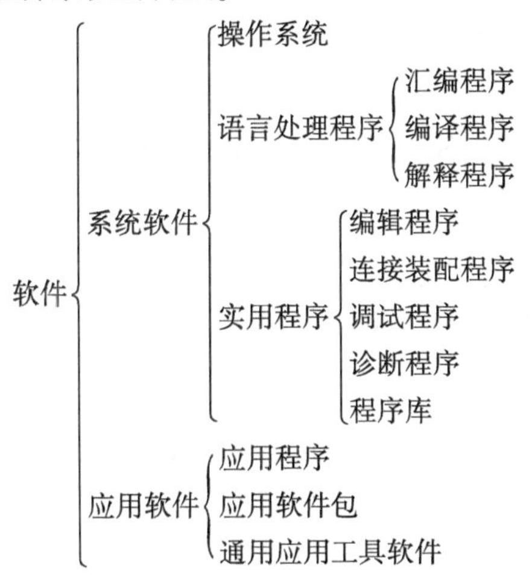


**图 4 –2　计算机软件系统组成**

## 一、系统软件

系统软件是运行、管理、维护计算机的必备的最基本的软件,一般由计算机生产厂商提供。系统软件主要包括如下几种。

### (一)操作系统

操作系统是控制与管理计算机硬件与软件资源、合理组织计算机工作流程、提供人机界面以方便用户使用计算机的程序的集合。操作系统的主要功能如下。

1. 处理器管理

使一个或多个用户的程序能合理有效地使用 CPU,提高宝贵的 CPU 资源的利用率。

2. 存储管理

合理组织与分配存储空间,使存储器资源得到充分的利用。

3. 文件管理

合理组织、管理辅助存储器(外存储器)中的信息,以便于存储与检索,达到保证安全、方便使用的目的。

4. 设备管理

合理组织与使用除了 CPU 以外的所有输入/输出设备,使用户不必了解设备接口的技术细节,就可以方便地对设备进行操作。

### (二)语言处理程序

计算机只能识别机器语言,而不能识别汇编语言与高级语言。因此,用汇编语言与高级语言编写的程序,必须“翻译”为机器语言,才能为计算机接受和处理。这个“翻译”工作是由专门程序来完成的。语言处理程序就是对不同语言进行“翻译”的程序。

语言处理程序可分为下面 3 种。

1. 汇编程序

将汇编语言写的源程序翻译为目标程序的翻译程序。

2. 解释程序

将高级语言书写的源程序按动态执行的顺序逐句翻译处理的程序。翻译一句,执行一句,直到程序执行完毕。这种语言处理方式称为“解释方式”,相当于口译。

3. 编译程序

将高级语言书写的源程序整个翻译为目标程序的程序。编译程序检查各程序模块无语法错误后,经过编译、连接、装配,生成用机器语言表示的目标程序,再将整个模块交给机器执行。这种语言处理方式称为“编译方式”,相当于笔译。

**(三)实用程序**

实用程序也称为支撑软件,是机器维护、软件开发所必需的软件工具。它主要包括如下程序。

1. 编辑程序

它是软件开发、维护的基本工具。用户可以利用编辑程序生成程序文件和文本文件,并对计算机中已有的同类文件进行增加、删除、修改等处理。

2. 连接装配程序

在进行软件开发时,常常将程序按其功能分成若干个相对独立的模块,对每个模块分别开发。开发完成后需要将这些模块连接起来,形成一个完整的程序。完成此种任务的程序就叫做连接装配程序。

3. 调试程序

帮助开发者对所开发的程序进行调试并排除程序中错误的程序。

4. 诊断程序

用以检测机器故障并确定故障位置的程序。

5. 程序库

一些经常使用并经过测试的规范化程序或子程序的集合。

## 二、应用软件

应用软件是为了解决用户的各种实际问题而编制的程序以及相应的技术文档。它涉及计算机应用的所有领域，各种科学和工程计算软件、各种业务管理软件、各种辅助设计软件和过程控制软件等都属于应用软件。

应用软件的开发也是使计算机充分发挥作用的十分重要的工作，它是吸收软件技术人员最多的技术领域。例如，Microsoft Office、WPS Office 等文字处理软件；用友、速达等财务软件；Photoshop、CorelDraw 等图形处理软件，Matlab、Mathematica 等工程计算软件等。

## 三、用户与计算机系统的层次关系

计算机是按照层次结构组织的，各个层次之间的关系是：内层是外层的支撑环境，而外层可以不了解内层的细节，只需根据约定调用内层提供的服务（图 4－3）。

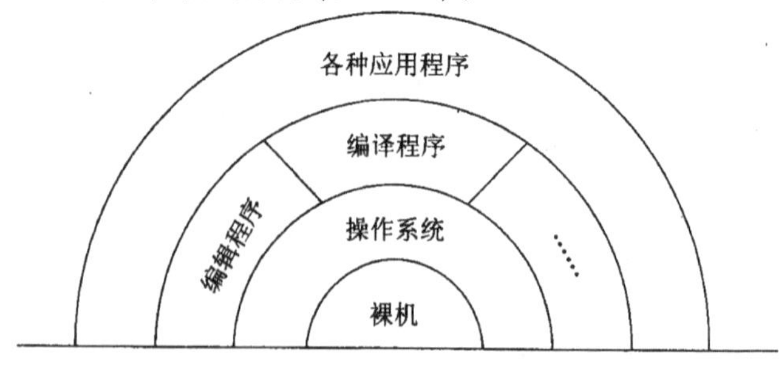


图 4－3　计算机系统层次结构

最底层是硬件,它是所有软件的物质基础;与硬件直接接触的是操作系统,它和其他软件分割开来,向下控制硬件,向上支撑其他软件。在操作系统之外的各层分别是各种语言处理程序和各种实用程序,最外层才是最终用户使用的应用程序。

在所有软件中操作系统最重要,因为操作系统直接与硬件接触,是属于最底层的软件,它管理和控制硬件资源,同时,为上层软件提供支持。换句话说,任何程序都必须在操作系统支持下才能运行,操作系统是用户与计算机的接口。凡对机器的操作一律转换为操作系统的命令,用户使用计算机实际上就是使用操作系统。

## 第四节　微型计算机系统的基本配置

硬件基本配置包括主机、键盘、鼠标器、磁盘驱动器、显示器、打印机等。主机是安装在主机箱内。主机箱有卧式和立式两种。在主机箱内有主板(系统板、母板)、硬盘驱动器、光盘驱动器、软盘驱动器、电源、显示适配器(显示卡)、声卡等。

### 一、主板

主板又称为母板或系统板,即一块控制和驱动微型计算机的电路板,是 CPU 与其他部件联系的桥梁(图 4－4)。

图 4－4　主板

从外观上看，主板上分布着各种电容、电阻、芯片、扩展槽等元器件，包括 BIOS 芯片、I/O 控制芯片、键盘接口、面板控制开关接口、各种扩充插槽、直流电源的供电插座、CPU 插座等。有的主板上还集成了音效芯片和显示芯片等。

## 二、中央处理器(CPU)

中央处理器(Central Processing Unit)，英文缩写为 CPU。CPU 是微型计算机的核心部分。在比较计算机的档次时就是以 CPU 的型号划分的，例如，386、486、Pentium(奔腾)、Pentium Ⅱ、Pentium Ⅲ等。目前，最新的 CPU 是 Pentium 4(俗称奔 4)，它的核心部分是高度集成的运算芯片，不仅具有计算功能，还集成了其他控制功能和记忆功能等。

CPU 的性能指标直接决定了由它构成的微机系统的性能指标。CPU 的主要性能指标包括字长和时钟频率(主频)。

字长是指微机能直接处理的二进制信息的位数。人们通常所说的 16 位机、32 位机就是指该微机中的 CPU 可以同时处理 16 位、32 位的二进制数据。早期有代表性的 IBM PC/XT、IBM PC/AT 与 286 所采用的 CPU 都是 16 位 CPU，386、486 及后来的 Pentium 等采用的 CPU 都是 32 位 CPU，Intel 推出的 Itanium(安腾)和 AMD 推出的 K8 则为 64 位 CPU(图 4 –5)。

**图 4 –5　CPU**

主频是决定微处理器性能优劣的另一个重要指标。一般说来，主频越高，CPU 处理数据的速度越快。现在常用的计算机的主频有 2.4GHz、3.2GHz、4.4GHz、6.0GHz 等。随着主频的不断提高，为了协调 CPU 与内存之间的速度差问题，在 CPU 芯片中集成了高速缓冲存储器(Cache，简称高速缓存)。

## 三、内存储器

内存储器简称内存，主要用于存放计算机当前工作中正在运行的程序、数据等。

计算机中把基本的存储单元称为“字节”，并以字节为单位进行计量，以 B 表示。故 1024B 表示 1024 个字节，计量存储器容量的单位有 B、KB(千字节)、MB(兆字节)、GB(吉字节)、TB(太字节)等，它们的数量级关系如下。

1KB = 1024B

1MB = 1024KB

1GB = 1024MB

1TB = 1024GB

图 4 - 6 所示就是某台计算机采用的内存条。

**图 4 - 6　内存条**

## 四、显示器及显示卡

显示器是计算机必不可少的输出设备，通过显示器可以显示操作系统界面、系统提示、程序运行的状态和结果等。显示器的外观如图 4－7 所示。

CRT 显示器

LCD 显示器

**图 4－7　显示器**

显示器按其工作原理可分为许多类型，比较常见的有：阴极射线管显示器（CRT）和液晶显示器（LCD），另外，还有等离子体显示器（PDP）、真空荧光显示器（VFD）。目前，CRT 显示器仍是显示器的主流；LCD 常见于笔记本电脑，随着价格的下降，LCD 开始用于台式微机上。

显示卡（也称为显卡）。是连接主板与显示器的适配卡，主机对显示屏幕的任何操作都要通过显示卡控制。现在的显示卡大多为图形加速卡（图 4－8）。图形加速卡拥有自己的图形函数加速器和显示内存，用于执行图形加速任务，可以大大减少 CPU 必须处理图形函数的时间。

显示内存用来暂存显示芯片要处理的图形数据，显示内存越大，显示图形处理速度就越快，在屏幕上出现的像素就越多，图像就更加清晰。

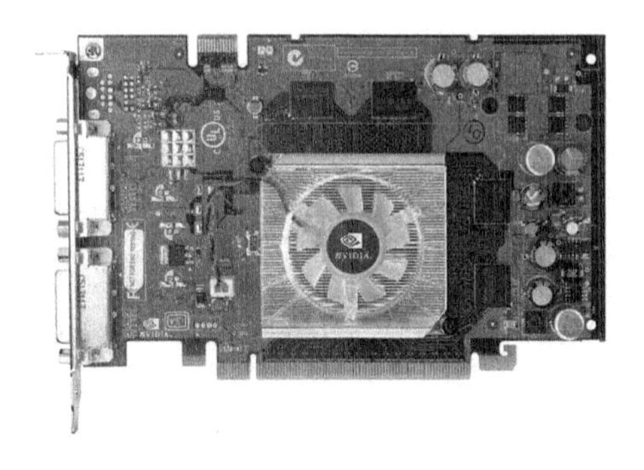

图4－8　AGP显示卡

## 五、软磁盘与软盘驱动器

### （一）软磁盘

软盘主要有5.25吋的1.2MB双面高密盘片和3.5吋的1.44MB高密盘片。目前，最常见的软盘是3.5吋软盘，5.25吋的软盘已经退出市场。在3.5吋软盘右侧带有滑块的小孔是写保护孔，当写保护孔透光时软盘内容为只读，不能对软盘进行写操作；当写保护孔被滑块挡住时可对软盘进行读写操作。

### （二）软盘驱动器

通常简称为软驱，在计算机操作中它们总是以A：>和B：>出现，是软磁盘的载体，根据使用软磁盘的尺寸，分为5.25吋和3.5吋软驱两种。计算机通过软驱对软磁盘进行读写数据。如图4－9（左）所示，为3.5吋软盘及软盘驱动器。

软驱速度慢、损坏率高，软盘容量小、易损坏。为了适应微型计算机发展的需要，出现一种被称为“闪存”的移动存储设备。闪存的结构非常简单：一颗Flash Memory再加上一个USB转换电路和一个外包装就成了一个USB接口的移动存储器。Flash Memory是类似于内存颗粒的存储器，它拥有防潮、抗震、耐高温、大容量、即插即用等特点。我们习惯把闪存称之为“电子软盘”或“优盘”，如图 4－9(右)所示。

**图 4－9　3.5 吋软盘及软盘驱动器、优盘**

## 六、硬盘

硬盘(图 4－10)是计算机中最重要的外存储设备之一。一般来说，它直接安装于机箱内部。具有信息量大、速度快、寿命长等优点。目前，微型计算机中常配的硬盘容量多为 500GB、1T、2T 等；接口类型多为 IDE 和 SCSI；品牌多为 Seagate、Maxtor、SAMSUNG 等。硬盘的选择，除了考虑它的容量外，还应考虑转速、噪声、缓存大小等因素。

**图 4－10　硬盘**

## 七、键盘

键盘(图 4－11)是计算机中主要的输入设备之一。现在的微型计算机一般使用 101 和 102 键以及目前常用的 Windows 专用键盘。现在选用键盘,一般选用 Windows 键盘,也可选用自然键盘(也叫人体工学键盘),它的按键是根据人手的生理自然摆放位置而设计的,用起来舒服,可减轻长时间输入的疲劳。

**图 4－11　键盘**

## 八、鼠标

鼠标是输入设备中除了键盘之外,另一个最常用的输入设备,如图 4－12 所示。鼠标按其结构分为机械式和光电式两种。

**图 4－12　鼠标**

前者有一滚动球,能够在普通桌面上使用;后者有一电探测器,必须在专用的平板上移动才能使用。启动 Windows 后,屏幕上显示一个鼠标指针。当鼠标在桌面上移动时,鼠标指针也随着移动。

鼠标还可分为有线与无线两类。无线鼠标以红外线遥控,遥控距离一般在 2 米以内。鼠标的外壳都装有按钮,一般是两个,外加一或两个转轮。

# 第五章　上网预备知识

## 第一节　启动和关闭计算机

要使用计算机,首先要学会计算机的启动和关闭。

### 一、启动计算机

启动计算机一般有 3 种方式:冷启动、复位启动和热启动。冷启动是指机器尚未加电的情况下的启动。复位启动和热启动是在计算机已加电情况下的启动方式,通常是在机器运行中异常死机的情况下的使用。计算机机箱的前面都有一个电源开关,打开此电源开关可冷启动计算机。有些计算机机箱的前面有一个 Reset(复位)开关按钮,按一下此开关就可复位启动计算机,此过程类似于冷启动。

热启动一般是指同时按[Ctrl + Alt + Del]组合键的启动方式,此种方式的启动过程与使用的操作系统有关。

### 二、关闭计算机

由于计算机包含主机和外部设备,这些都是电子设备,因此,应遵循正确的打开和关闭这些电子设备的顺序,正确的打开电源的顺序是:先开显示器、打印机等外设,再开主机电源。正确的关闭电源顺序是:先关主机电源、再关显示器、打印机等外设电源。

注意:如果显示器是通过主机电源供电,在开、关机的过程中就可以不考虑打开和关闭显示器的电源的顺序。

## 第二节　计算机的键盘操作

键盘是电脑最基本的输入工具,键入命令、打字(包括英文和中文)是电脑使用中最基本、最常用的操作。正确规范的键盘使用方式,不但能快速地完成录入、方便电脑的控制,还能显示良好的专业素养。

### 一、键盘操作的基本常识

打字首先要注意打字的姿势。如果姿势不当,不但会影响打字速度,也很容易疲劳。正确的姿势是身体保持端正,两脚平放。椅子高度以双手可平放桌上为准,桌、椅间距离以手指能轻放基本键位为准。两臂自然下垂,两肘轻贴于腋边。肘关节呈垂直弯曲,手腕平直,身体与打字桌距离 20 ~ 30 厘米。手指稍斜垂直放在键盘上,击键的力量来自手腕,尤其是用小指击键时,仅用手指的力量会影响击键的速度。

正确的指法是提高速度的关键,掌握正确的指法,养成良好的习惯,才会有事半功倍的效果。正确的指法要求如下。

(1)打字时,全身要自然放松,腰背挺直,上身稍离键盘,上臂自然下垂,手指略向内弯曲,自然虚放在对应键位上,只有姿势正确,才不致引起疲劳和错误。

计算机键入指法和英文打字机指法基本相同。指法规定:在键盘的第三行中,除 G 和 H 键外,其余 8 个键都是基准键。左手的小指、无名指、中指和食指分别负责敲基准键 A、S、D、F,右手的小指、无名指、中指和食指分别负责敲基准键;L、K、J,如图 5 –1 所示。

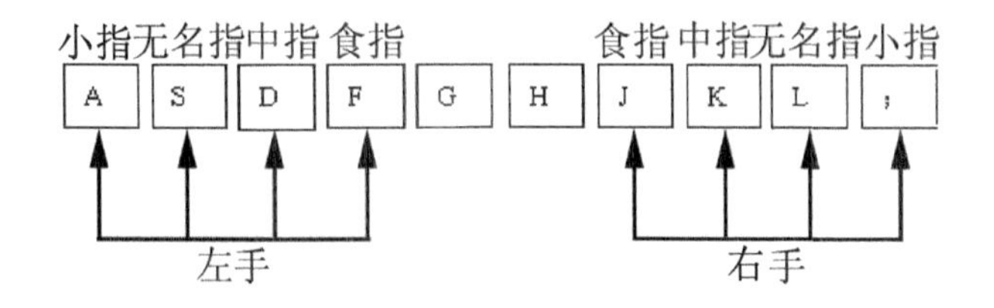


**图 5－1　基准键位**

(2)十指分工明确。各手指具体分工如图 5－2 所示。

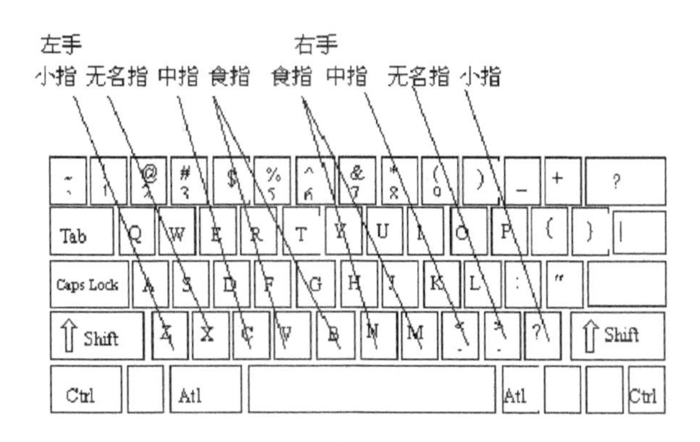


**图 5－2　指法分区**

(3)身体保持笔直,稍稍偏于键盘右方。椅子的高度要便于手指的操作,两脚平放。

(4)两肘轻轻贴于腋边,手指轻放于规定的字键上,手腕要平直,手臂要静止,人与键盘可调整到舒适的距离。全部动作只限于手指部分,上身其他部位不得接触键盘。

(5)平时手指稍弯曲拱起,指尖后的第一关节微成弧形,轻放键位中央。手腕悬起不要压在键盘上。

(6)应是轻击键而不是按键。击键要短促、轻快、有弹性。

用手指垫击键,不要用指尖或把手指伸直击键。无论哪一个手指击键,该手的其他手指也要一起提起上下活动,而另一只手则放在基本键上,不要小指击键时,食指上翘,或者相反。

(7)击键力度适当,节奏均匀。

## 二、指法训练

### (一)食指练习

练习“F G H J”键时把左右手指放在基本键上(左手食指在F,右手食指在J),击键时手腕不动,用左手食指击F、G键,用右手指击J、H键。左手食指击完G键后应立刻返回F键,右手食指击完H键后应立刻返回J键。

练习“R T Y U”键时把左右手指放在基本键上(左手食指在F,右手食指在J),用左手食指击T、R键,用右手食指击Y、U键。击键时,注意F键与R、T键及J键与Y、U键之间的角度和距离。

练习“V B N M”键时把左右手指放在基本键上(左手食指在F,右手食指在J),用左手食指击V、B键,用右手食指击N、M键。击键时,注意F与V、B及J与N、M之间的角度,并注意击键后手指返回基本键。

### (二)中指练习

把左右手指放在基本键上(左手中指在D,右手中指在K),用左手中指击D、E、C键,用右手中指击K、I和“,”键。击键时,注意D与E、C及K与I、“,”之间的角度,并注意击键后手指返回基本键。

### (三)无名指练习

把左右手指放在基本键上(左手无名指在S,右手无名指在L),用左手无名指击S、W、X键,用右手无名指击L、O和“.”

键。击键时,注意 S 与 W、X 与 L 与 O、“.”之间的角度,并注意击键后手指返回基本键。无名指的运用比较难,常常是力量不足,应经常练习,注意击键时手指力量保持均匀。

### (四)小指练习

把左右手指放在基本键上(左手小指在 A,右手小指在“;”),用左手小指击 A、Q、Z 键,用右手小指击“;”“/”“P”键。击键时,注意 A 与 Q、Z 及“;”与 P、“/”之间的角度,并注意击键后手指返回基本键。小指击键力量常不足,要多加练习小指力度,才能使小指运用灵活。

### (五)数字键练习

数字码 1 2 3 4 5 6 7 8 9 0 在键盘的上方。10 个数字码可分成左右两大部分,10 个数码分别对应左右手的各个手指。根据数据的出现情况可采取两种不同的击键方式。

1. 通用式击键输入

所谓通用式击键输入,就是像前面介绍的字符一样,按规定指法击键,既有准备阶段,又有回归阶段。这种方式适用于数字和字符混合出现的情况。输入数码时,必须从基准键出发。击键完毕后再回到基准键。

2. 基准式击键输入

所谓基准式击键输入,就是将数字 1234 和 7890 作基准键位处理。输入数字时,我们像基准那样,将手指轻放在对应的数码键位上,敲完一个数字后不必缩回到原定的字母基准键位,而只需回归到这里的数字基准键位上,这样可以提高输入数字的速度,但指法的对应关系和担任动作还必须按基准键的要求。这种方式适用于成批的数字数据输入。

对于数字键的输入,重点还是应该放到通用式击键输入法的练习上。

### （六）空格键、回车键和“Shift”键的练习

空格键在键盘的最下方，它用大拇指控制。击键方法是手指处于基准键位上，右手从基准键位垂直上抬1～2厘米，大拇指横着向下击空格键，击键完毕立即缩回。一个空格击一次键，例如，SALL　SAILED　FALL　JAFE　SAFES　LIKES，其中，数字之间的空白代表空格键，以后书写时，空格就用一个空白位置来表示。

回车键在键盘上用 Enter 来表示，它应该由右手的小手指来控制。击键方法是手指处于基准键位上待命，抬右手，伸小指击键。

在基础练习阶段，要把指法操作的正确性放在第一位，不要急于盲目追求输入速度。自己不太熟悉的击键动作要反复训练。

Shift 键的作用是用于控制换挡。在计算机键盘上，如果一个键位上有两个字符，那么当需要输入上端字符时就必须先压住 Shift 键，再敲上端字符所在的键。

由指法分区图可见，Shift 键是由小指控制的。为使操作起来方便，键盘的左右两端均设有一个 Shift 键。如果待输入的字符是由左手控制的，那么事先必须用右手的小指压住 Shift 键，再用左手的相应指头击上端字符键；如果待输入的字符是右手控制的字键，那么事先必须用左手的小指压住 Shift 键，再用右手的相应指头击上端字符键。只有上端字符击键完毕后左右手的指头才能缩回到基准键位上。

### （七）其他字符的输入练习

除了字母和数字键以外，键盘上还有其他一些字符，如 +、-、*、/、(、)、#、!、?、&、:、”、$、%、↑、↓、→、←、Ctrl 等。这些字符的输入也必须按它们各自的分区，用相应的手指按规则

击键输入。只要我们熟悉了字母和 Shift 符号的击键原则和方法,那么这些字符的输入是不难体会和掌握的。

至此,键盘上的主要字符的输入方法介绍完毕。对于其他字符,亦可参照相应原则进行练习。读者一定要结合自己的实际情况,反复练习,反复体会和琢磨,才能真正掌握这门技术。

## 第三节　智能 ABC 输入法

在一般的汉字操作环境中,拼音输入法都是基本的输入方式之一。拼音码的编码与汉语拼音是一致的,比较容易学习掌握。智能 ABC 输入法是一种音码输入法,它是以拼音为基础,辅之以笔形输入,以词组输入为主的具有一定智能化功能的汉字输入法。其智能化程度高,具有自动分词、自动造词、人工造词和记忆等功能。

智能 ABC 输入法设置了标准和双打两种输入方式,支持全拼、简拼和笔形 3 种类型的输入模式,并且这 3 种类型的输入模式可以互相组合使用形成全拼加简拼(即混拼)、全拼加笔形、简拼加笔形和混拼加笔形等多种输入模式。因此,它克服了拼音输入重码多的缺点,与其他拼音输入方案相比具有较高的输入效率。智能 ABC 输入法的学习和使用都极为容易,只要会拼音或了解汉字的书写顺序就能进行汉字输入,从而得到广泛的应用。

### 一、智能 ABC 输入法的启动

单击工作桌面上任务栏中的“输入法指示器”,屏幕上就会出现在 Windows XP 中文版系统中已经安装了的中文输入法的列表。在列表中用户可选择其中的“智能 ABC 输入法”,在屏幕的左下角会出现“智能 ABC 输入法”状态条,如图 5 - 3 所示。

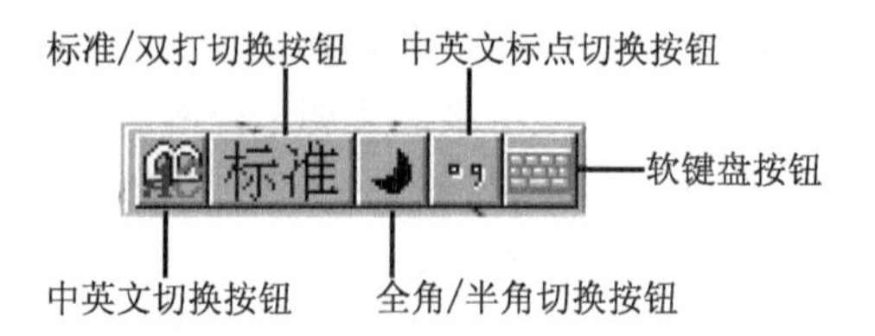


**图 5－3 “智能 ABC 输入法”状态条**

## 二、全拼输入

智能 ABC 输入法是中文 Windows XP 自带的一种汉字输入方法,它简单易学、快速灵活,受到用户的青睐。

在标准状态下,汉字单字输入采用“全拼输入”。全拼输入法就是输入全部拼音和书写汉语拼音的过程完全一致。输入时按词连写,词与词之间用空格或标点隔开。可多词输入,超过系统允许的字符个数,则响铃警告。

## 三、简拼输入

简拼输入是按汉语拼音的简化形式输入。智能 ABC 的简化规则是:取各个音节的第一个字母输入,对于包含 zh、ch、sh(知、吃、诗)的音节,也可以取整个声母的字母组成。

例如,全拼“我希望我们伟大的祖国繁荣富强”wo xiwang women weida de zuguo fanrong fuqiang。也可以去掉中间空格,直接写成 woxiwangwomenweidadezuguofanrongfuqiang。

## 四、混拼输入

混拼输入是指在一个词中,有的汉字用全拼,有的汉字用简拼。例如,“公务员”的混拼可以是“gongwy”,“智能”的混拼可以是“zhi'n”。

## 五、音形混合输入

笔形输入并不方便，除非万不得已，一般情况下并不单独作用，而是采用音形混合输入的方法。其规则为：

(拼音 + [第一笔形代码]) + (拼音 + [第一笔形代码]) + … + (拼音 + [第一笔形代码])

其中，“拼音”可以是全拼、简拼或混拼。对于多音节词的输入，“拼音”一项是必不可少的；“第一笔形代码”是汉字的第一笔的笔形编码，“[第一笔形代码]”项可有可无。

例如，汉字“邵”可输入编码“shao5”，即采用全拼加上第一笔的笔形代码的方式；词组“实现”可输入编码“shixian1”或“sh4x”或“s4x1”。可见采用音形混合输入可以减少重码率，从而极大地提高输入的速度。

在智能 ABC 输入法的属性设置中不选择“笔形输入”，也能进行音形混合输入。最好采用这种设置方式，否则，在输入数字 0 ~ 9 时，需打开大小写字母锁定键 CapsLock，一旦输完数字转入拼音输入方式，又必须关闭大小写字母锁定键，十分麻烦，影响输入速度。

## 六、双打输入

智能 ABC 输入法提供了一种更快速的双打输入方式(相当于拼音输入法中的双拼)。双打方式将所有的声母和韵母都归在了相应的 26 个字母键上，这样无论是声母还是韵母都只需击一次键，而每一个汉字的拼音是由声母和韵母组成，所以对每一个汉字的输入最多只需击两次键。双打输入中声母和韵母与键位的对应关系如表 5 - 1 所示。

由表 5 - 1 可知，在双打方式下，声母和韵母使用同一个键，输入一个汉字时，系统将第一次击键作为声母，第二次击键作为韵母。以“a、e、o”打头的韵母，可以单独使用，但在双打方式下必须先按零声母键“o”，例如，“啊”字的双打编码为“oa”。

**表 5－1 声母和韵母与键位的对应关系表**

| 代码键 | 声母 | 韵母 | 代码键 | 声母 | 韵母 |
|---|---|---|---|---|---|
| A | Zh | A | N | N | Un |
| B | B | OU | O | 零声母 | Uo |
| C | C | In uai | P | P | Uan |
| D | D | Ua ia | Q | Q | ei |
| E | Ch | E | R | R | iU er |
| F | F | en | S | S | Ong iong |
| G | G | eng | T | T | uang iang |
| H | H | ang | U | | U |
| i | | i | V | Sh | |
| J | J | an | W | W | ian |
| K | K | ao | X | X | ie |
| L | L | ai | Y | Y | ing |
| M | M | Ui ue | Z | Z | iao |

### (一)进入双打输入

单击“智能 ABC 输入法”状态条中的“标准”标签，可使输入方式在“标准”和“双打”之间切换。

### (二)以零声母开头的汉字的输入

| 汉字 | 双打编码 | 全拼编码 |
|---|---|---|
| 安 | oj | an |
| 恩 | of | en |
| 欧 | ob | ou |

**(三)一般汉字的输入**

| 汉字 | 双打编码 | 全拼编码 |
| --- | --- | --- |
| 扎 | aa | Zha |
| 种 | as | Zhong |
| 松 | ss | Song |

**(四)词组的输入**

| 词组 | 双打编码 | 全拼编码 |
| --- | --- | --- |
| 案件 | ojjw | anjian |
| 公务员 | gswuyp | gongwuyuan |

由以上介绍的几种输入法可知,用户应根据实际情况选择符合自己特点的输入方式。如果你拼音不错,键盘也熟练,可以采用标准变换方式,输入过程以全拼为主,其他方式为辅。如果你对拼音不熟,而且有方言口音则建议以简拼加笔形的方式为主,辅之以其他方法。完全不懂拼音,只能按笔形输入。不要完全局限于某一种方式,而应根据自己的特点选择采用多种输入方式,这样才能够充分利用智能 ABC 的智能特色。

另外,要建立比较明确的"词"的概念,尽量地按词、词组、短语输入。最常用的双音节词可以用简拼输入,一般常用词可采取混拼或者简拼加笔形描述。少量双音节词,需要在全拼基础上增加笔形描述。重码高的单字可以全拼加笔形输入。

## 第四节　五笔字型输入法

五笔字型输入法技术是由王永民先生发明创立,1983 年开始推广,由于它无需拼音知识,重码率低、便于盲打、词语量大、可高速输入,成为众多汉字输入法中装机量最大,最为普及的一种输入法。

现在常用的五笔字型有98版与86版,98版软件中同时提供了86版软件,为照顾更多的用户,本书主要以86版为标准编写。

## 一、五笔字型汉字输入编码规则

### (一)键名汉字的编码规则

观察五笔字型键盘字根表,可以发现每一个键的左上角都是一个完整的汉字,这就是键名汉字。键名是这个键位的键面上所有字根中最具有代表性的字根,而这个字根本身也是一个有意义的汉字(X键上的“纟”除外),同时其组字频度也很高。

输入键名汉字时,只需把它们所在的键连击四次,屏幕上就出现了相应的汉字。例如,“王”的编码为“GGGG”,“火”的编码为“OOOO”。

常见的键名汉字共有25个,即:

王　土　大　木　工
目　日　口　田　山
禾　白　月　人　金
言　立　水　火　之
已　子　女　又　纟

### (二)成字字根的编码规则

每个键上除了键名汉字外,还有一些完整的汉字,我们称之为成字字根。当你要键入一个成字字根时,首先把它所在的那个键打一下(称为“报户口”),然后按书写顺序依次打它的第一个笔画、第二个笔画及最末一个笔画。有些成字字根不足四码,击一下空格就行了。例如:

| 辛: | 辛(报户口) | 、(首笔) | 一(次笔) | 丨(末笔) |
|---|---|---|---|---|
| | U(42) | Y(41) | G(11) | H(21) |

| 石:石(报户口) | 一(首笔) | 丿(次笔) | 一(末笔) |
| --- | --- | --- | --- |
| D(13) | G(11) | T(31) | G(11) |
| 力:力(报户口) | 丿(首笔) | 乙(次笔) | |
| L(24) | T(31) | N(51) | (空格) |
| 雨:雨(报户口) | 一(首笔) | 丨(次笔) | 、(末笔) |
| F:(12) | G(11) | H(21) | Y(41) |
| 十:十(报户口) | 一(首笔) | 丨(次笔) | |
| F(12) | G(11) | H(21) | (空格) |

**(三)五种笔画的编码**

按照成字字根编码输入的规定,五种笔画的编码则是打入键名后,再打一下此笔画所在的键,结果造成了单笔画只有两码。让这些单笔画只有两码,不如让位于较常用的汉字更能提高效率。因此,作为成字字根编码的一个特例,有必要把单笔画编码设计为打原码之后再打两个 24(L 键)。这里之所以要加 L,是因为 L 键除便于操作外,作为竖结尾的单体型字的识别键码是极不常用的,这样,就足以保证这种定义外码的唯一性。

五种单笔画的编码如下:

| | | | | | |
| --- | --- | --- | --- | --- | --- |
| 一 | 11 | 11 | 24 | 24 | (GGLL) |
| 丨 | 21 | 21 | 24 | 24 | (HHLL) |
| 丿 | 31 | 31 | 24 | 24 | (TTLL) |
| 乙 | 51 | 51 | 24 | 24 | (NNLL) |

**(四)键外字的输入方法**

键外字是指键面上没有汉字,是由几个字根组成的合体字,也可以说键外字就是键名字和成字字根以外的汉字均为键外字。所有的键外字都是由若干个基本字根组成,而五笔字型每个汉字的编码只取四码,其编码(输入)规则为:

**首字根+次字根+三字根+末字根**

其含义分别是：首字根，即拆分出的第一个字根；次字根，即拆分出的第二个字根；三字根，即拆分出的第三个字根；末字根，即拆分出的最后一个字根。

对于拆分出的字少于4个的汉字，则补一字型识别码，若还不足4码时，则打空格键作为结束。下面就两字根、三字根、四字根及4个汉字的编码(输入)规则分别举例来说明。

1. 两字根汉字的编码

汉：[ICY]{Y为字型识别码，还不足四码则补空格键}只：[KWU]代：[WAY]因：[LDI]

2. 三个汉字的编码

拆：[RRYY]{最后一个Y是字型识别码}坑：[FYMN]别：[KLJH]最：[JBCU]

3. 四字根汉字的编码

哗：[KWXF]恒：[NGJG]型：[GAJF]重：[TGJF]{四个字根正好4码}

4. 四字根以上汉字的编码

编：[XYNA]{取1.2.3字根及最后一字根}嗓：[KCCS]键：[QVFP]躁：[KHKS]

小技巧：五笔字型中规定，字根“九、刀、力、七”的末笔均视为折(乙)，因而凡以这几个字根为末字根的汉字，其字型识别码均在第五区。例如，切：AVN 旯：JVB 历：DL 尻：NVV。

**(五)末笔字型交叉识别码**

在向计算机中输入汉字时，除了输入组成汉字的字根外，有时还有必要告诉计算机那些输入的字根是以什么方式排列的，即补充输入一个字型信息，目的就是在有的字取码不足4码时，要追加末笔交叉识别码的原因。

在3种字型中，要追加识别码时，还有5种情况，即末笔为横、竖、撇、捺、折这5种情况，那么总共就有5×3=15种情况。例如，当左右型的汉字其末笔为横时，可以追加其识别码为G，例如，“柏”为左右型的汉字，按其五笔取码为SR后，只能得到“析”字，此时就必须追加识别码G，因为其最后一笔为“横”笔。又例如，“章”字，应取码“立”与“早”即“U”与“J”，但需要补码“J”，因其末笔为竖，且为上下型结构。

对于五笔字型输入法中的“末笔字型交叉识别码”应该牢牢掌握，因为有很多汉字必须加入识别码，才能迅速准确地打出所需要的那个汉字。表5－2对识别码进行了归纳和举例。

**表5－2　五笔字型末笔字型交叉识别码**

| 该字末笔 | | 横（一） | 竖（丨） | 撇（丿） | 捺（丶） | 折（乙） |
|---|---|---|---|---|---|---|
| 末笔识别码 | 左右型 | G(11)<br>翔 UDNG<br>肚 EFG | H(21)<br>浑 IPLH<br>汗 IFH | T(31)<br>财 MFTT<br>扩 RYT | Y(41)<br>吓 KGHY<br>汉 ICY | N(51)<br>他 WBN<br>吧 KCN |
| | 上下型 | F(12)<br>奋 DLF<br>查 SJGF | J(22)<br>牢 PRHJ<br>弄 GAJ | R(32)<br>参 CDER<br>声 FNR | U(42)<br>足 KHU<br>京 YIU | B(52)<br>气 RNB<br>卷 UDBB |
| | 杂合型 | D(13)<br>固 LDD<br>扇 YNND | K(23)<br>升 TAK<br>连 LPK | E(33)<br>户 YNE<br>庐 YYNE | I(43)<br>头 UDI<br>飞 NUI | V(53)<br>万 DNV<br>亏 FNV |

**（六）重码**

在五笔字型编码方案中，将极少一部分无法唯一确定编码的汉字，用相同的编码来表示，这些具有相同编码的汉字称为“重码字”。

五笔字型对重码字按其使用频率作了分级处理。输入重码字的编码时,重码字同时显示在提示行,而较常用的那个字排在第一个位置上。这时,机器报警,发出“嘟”的声音,提醒你出现重码字了。

如果需要的就是那个比较常用的字,则只管输入下文,这个字会自动跳到正常编辑位置上去。它们的输入就像没有重码一样,完全不影响输入速度。

如果需要的是不常用的那个字,则可根据它的位置号按数字键“1、2、3…”即可使它显示在编辑位置上去。

例如,键入“FGHY”后,屏幕上会显示出:

Rghy　1. 寸　2. 雨

如果这时你需要“寸”字,就不必挑选,只管输入下文,“寸”就会自动跳到光标位置。如果需要的是“雨”字,则需击一下数字键“2”。

为了进一步减少重码,提高输入速度,在五笔字型汉字输入法中特别定义了一个后缀码“L”,即把重码字中使用频度较低的汉字编码的最后一个编码改成后缀码“L”。这样,在输入使用频率较高的重码汉字时用原码,输入一个使用频度较低的重码汉字时,只要把原来单字编码的最后一码改成“L”即可。这样两者都不必再作任何特殊处理或增加按键就能输入,从而再次把重码字离散开来。掌握了这一方法后,在输入一级汉字的范围内,就可以不用再担心遇到重码,同时也提高了汉字的输入速度。

**(七)帮助键“Z”的使用**

当你由于对键盘字根不太熟悉或者对某一汉字的拆分一时难以确定时,你的一切“未知数”字根都可以用“Z”键来代表。

“Z”键为万能学习键,五笔字型汉字输入法中,可用“Z”键来代替任何一个键。可用Z键帮助我们掌握和巩固前面所学的字根分布。它不但可以代替“识别码”,帮助你把字找出来,并告诉你“识别码”，而且还可以代替一时记不清或分解不准的任何字根，并通过提示行，使你知道“Z”键对应的键位或字根。

初学时，最大的困难是不能在短时间内把所有字根的分布都记住。在输入时去查字根的分布图是很麻烦的，有了“Z”键，我们就可让机器去查了。

例如，在输入“潜”字时，记不清字根“日”是在哪个键上，此时就可以用“Z”键来代替输入“日”字根的键，即输入“氵、二、人、Z”这样4个键，结果在提示行中显示出“潜：IFWJ”，并把含有“氵、二、人”的所有汉字以及它们的编码都显示在提示行里。根据这些字在提示行中的位置号，打键盘上的数字键，即可将你所需要的字从提示行中“调”到所在的光标位置上来。这样，由于提示行中的每个字后边都显示有它的正确代码，你就可以从这里学习有关汉字的正确输入码。

## 二、简码的输入

### （一）一级简码

根据每一个键位上的字根形态特征，在五个区的25个键位上，每键安排一个使用频率最高的汉字，称为“一级简码”，即“高频字”。分布的规律基本上是按第一笔画来进行分类的，即横起笔的放在一区，竖起笔的放在二区，撇起笔的放在三区，捺起笔的放在四区，折起笔的放在五区，并且尽可能使它们的第二笔画与位号一致。当然不可能完全符合，只有多练习来加强记忆。

一级简码的输入方法是单击一下所在的键，再按一下空格键即可。一级简码及其对应编码如下。

一11(G)　地12(F)　在13(D)　要14(S)　工15(A)
上21(H)　是22(J)　中23(K)　国24(L)　同25(M)
和31(T)　的32(R)　有33(E)　人34(W)　我35(Q)

主 41(Y)　产 42(U)　不 43(I)　为 44(O)　这 45(P)
民 51(N)　了 52(B)　发 53(V)　以 54(C)　经 55(X)

### (二)二级简码表

一个汉字的五笔字型全码是 4 个,需要击键 4 次。为了加快输入速度,五笔字型输入法把使用一些使用频率较高的汉字作为二级简码的汉字。

二级简码是由汉字全码中的前两个字根的代码表来作为该字的代码,再按一下空格键表示结束。对于前面两笔比较直观的二级简码汉字,使用二级简码输入就避开了取最后一个识别码所带来的麻烦。

### (三)三级简码

三级简码是用单字全码中的前三个字根来作为该字的代码。选取时,只要该字的前三个字根能唯一地代表该字,就把它选为三级简码。此类汉字输入时不能明显地提高输入速度,因为在打了三码后还必须打一个空格键,也要按四键。由于省略了最后的字根码或末笔字型交叉识别码,故对于提高速度来说,还是有一定的帮助的。例如:

华　全码:34　55　12　22　(WXFJ)
　　简码:34　55　12　　　(WXF)　省略了末笔字型交叉识别码 J

情　全码:51　11　33　11　(NGEG)
　　简码:51　11　33　　　(NGE)　省略了末笔字型交叉识别码 G

## 三、词组的输入

为了提高录入速度,五笔字型输入法里还采用常见的词组来进行录入。“词组”(亦称词汇)指由两个及两个以上汉字构成的汉字串。这些词组有二字词组、三字词组、四字词组和多字词组，取码规则因词组长短而异。

这里所说的词组输入是指计算机中所存储的词组，不是任意的词组都能输入。计算机中存储的词组一般是些常用的或是固定词组。词组分为双字词组、三字词组、四字词组和多字词组，故它们的输入方法也不尽相同，下面分别予以介绍。

(1)双字词组：取每个字的前两码。例如，固定：[LDPG]；方法：[YYIF]；掌握：[IPRN]

(2)三字词组：取前两字的第一码和最后一字的前两码。例如，劳动者：[AFFT]；数据库：[ORYL]

(3)四字词组：取每个字的第一码。例如，服务态度：[ET-DY]；吸取教训：[KBFY]

(4)多字词组：取前三字的第一码及最后一字的第一码。例如，中华人民共和国：[KWWL]

# 第六章　网上生活

## 第一节　浏览网页

### 一、浏览器简介与多种浏览器对比

浏览器本身是一个应用软件，它能够把从 Internet 上找到的各种信息翻译成包含文本、图形、音频和视频的网页，以更直观、更生动的形式展现给用户。也就是说，浏览器其实相当于一个编译器，能够把网络上使用各种程序语言编写的 HTML 文档转换成更为直观的多媒体文件，以供用户浏览和下载。

在浏览网络信息时，有各种各样的浏览器可供选择，每种浏览器都有自己的特色功能。下面介绍几款常用的浏览器。

**（一）微软 Internet Explorer**

Internet Explorer（简称 IE）是由微软公司基于 Mosaic（查看 Mosaic）开发的网络浏览器，IE 是计算机网络应用时必备的重要工具软件之一，在 Internet 应用领域甚至是必不可少的。Internet Explorer 内置了一些应用程序，具有浏览、发信、下载软件等多种网络功能。

**（二）Green Browser**

GreenBrowser 最新版本 3.9，是一个基于 IE 的多窗口浏览器，并且拥有更多更好的其他特性。例如，热键、搜集器、鼠标手势、鼠标拖曳、弹出窗口过滤、搜索引擎、网页背景色设置、工具条皮肤、代理服务器、自动滚动、自动保存、自动填表、启动模式等。

**(三)傲游**

傲游(Maxthon)原名MyIE2,是一个高度可定制的强大Web浏览器,它是一款基于IE内核的、多功能、个性化多页面浏览器,允许在同一窗口内打开任意多个页面,减少浏览器对系统资源的占用率,提高网上冲浪的效率。同时它又能有效防止恶意插件,阻止各种弹出式、浮动式广告,加强网上浏览的安全。Maxthon Browser支持各种外挂工具及IE插件,使用户在Maxthon Browser中可以充分利用所有的网上资源,享受上网冲浪的乐趣。

**(四)Mozilla Firefox(火狐)**

Firefox浏览器是开源基金组织Mozilla研发的产品,它是一款自由的、开放源码的浏览器,适用于Windows、Linux和MacOS X平台。该浏览器不使用IE核心,占用资源较少,运行稳定。除此之外,该浏览器还提供了其他的高级功能,如标签式浏览、禁止弹出式窗口、自定义工具栏、集成搜索功能等。由于该浏览器公开源代码,因此获得了众多软件开发人员的无偿支持,使其迅速获得成功,越来越多的人开始选择使用Firefox浏览器。

**(五)MSN Explorer**

微软的MSN Explorer有着全新的界面,它整合了电子邮件、通信软件、声音与影像,支持多用户。MSN Explorer不仅仅是一个浏览器,它还集成了许多网络操作。当用户登录以后,可以知道好友是否在线、在信箱中有多少封邮件、当地的天气情况、当地的新闻等,而其个性化设置将把软件与网络服务的界限完全模糊化,为用户提供一个轻松、易用的网络操作环境。

### （六）腾讯 TT

腾讯 TT 是一款多页面浏览器，具有亲切、友好的用户界面，提供多种皮肤供用户根据个人喜好使用。另外，TT 更是新增了多项人性化的特色功能，使上网冲浪变得更加轻松自如、省时省力。

### （七）Opera

Opera 是一个出色而小巧的浏览器，支持 frames，方便的缩放功能，多窗口，可定制用户界面，高级多媒体特性，标准和增强 HTML 等。对于较慢的 PC 机，它是个快速的浏览器。新版本修改了上一版本的一些 bug，加强了对 Java 新版本的支持。提供了更大稳定性和一些改善的更新，增加了电子邮件的收发功能，转用书签的概念（同时处理原来的收藏夹加上电子邮件和联系栏部分），对 cookie 的处理功能加强。

## 二、Internet Explorer 概述

浏览器本身是一个应用软件，它能够把从 Internet 上找到的各种信息翻译成包含文本、图形、音频和视频的网页，以更直观、更生动的形式展现给用户。也就是说，浏览器其实相当于一个编译器，能够把网络上使用各种程序语言编写的 HTML 文档转换成更为直观的多媒体文件，以供用户浏览和下载。

### （一）Internet Explorer 的界面

目前，比较流行 WWW 浏览器主要是微软（Microsoft）公司的 Internet Explorer 11.0（简称 IE）。打开 IE 浏览器，在地址栏输入“http:www. sina. com/”，单击“转到”按钮，就可以打开“新浪”的主页，其界面如图 6 －1 所示。

工具栏：包括 Internet Explorer 最常用的浏览、搜索、显示、收藏等。

地址栏:位于工具栏的下面。显示正在浏览文档的地址。它既可以是 Internet 地址,也可以是本地机的路径。

工作区:显示当前访问的文档信息。

状态栏:在窗口的最底下一栏。它显示多种 Internet Explorer 的工作状态信息。

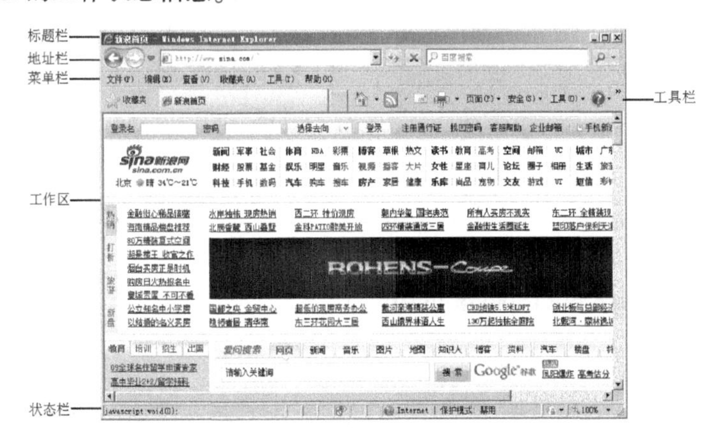


**图 6－1　IE 浏览器的主界面**

### (二)工具按钮说明

使用 IE 时,既可以使用菜单中的命令,也可以直接单击达到同样的目的。使用工具按钮一般来说更直接、更快捷、更方便。IE 中最常用的功能已列在工具栏中。表 6－1 列出了每个工具栏的图标及相应的功能说明。

**表 6－1　工具栏按钮及其功能**

| 按钮 | 名称 | 功能 |
| --- | --- | --- |
|  | 后退 | 回到前一个浏览过的页面 |
|  | 前进 | 进到下一个浏览过的页面 |
|  | 停止 | 停止装载当前 web 页 |

（续表）

| 按钮 | 名称 | 功能 |
| --- | --- | --- |
|  | 刷新 | 重新装载当前 web 页 |
|  | 主页 | 回到 IE 开始的启动页面 |
|  | 搜索 | 打开搜索引擎窗口 |
| 收藏夹 | 收藏夹 | 打开文件收藏窗口 |
|  | 历史 | 打开浏览过的页面的历史列表 |
|  | 全屏 | 切换为全屏显示方式 |
|  | 字体 | 改变工作区中页面的字体 |
|  | 打印 | 打印当前页面 |

## 三、Internet Explorer 的应用

### （一）设置启动页

安装 IE 浏览器后，默认的启动首页为微软中国的首页，用户可以将启动页设置为“空白页”、当前浏览的网页或者某一指定的网页。

将“百度”首页设置为默认启动页。

（1）启动 IE 浏览器，在地址栏中输入“百度”网站首页网址 http：www. baidu. com，按 Enter 键进入该网站。

（2）选择“工具”|“Internet 选项”命令，打开“Internet 选项”对话框，切换到“常规”选项卡。

（3）单击“主页”选项组中的“使用当前页”按钮，在“地址”文本框中自动显示“百度”的主页网址（图 6－2）。

（4）完成设置后单击“确定”按钮，下次开启 IE 浏览器时将自动打开所设置的启动页。

### （二）收藏网页

若要添加网址到收藏夹，应先确定当前打开的网页是需收

藏的，然后选择"收藏"|"添加到收藏夹"命令，将当前网页添加到"收藏"菜单中。收藏后的网站名称会自动显示在"收藏"菜单下，下次使用时直接选择该网站或者网页的名称即可。

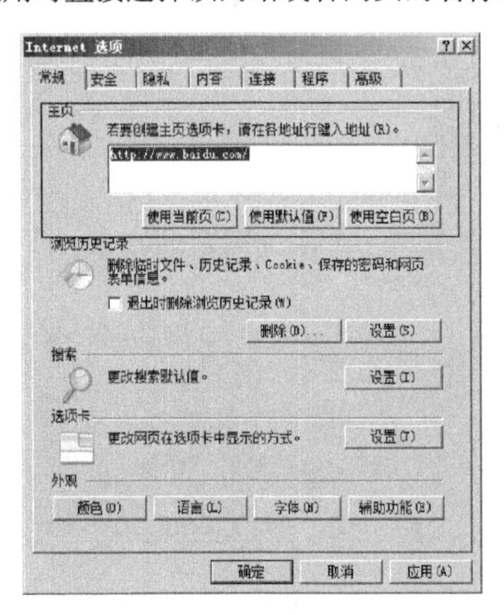


**图 6-2　"Internet 选项"对话框**

向收藏夹中添加的页面比较多时，使用起来会有一定的麻烦，有必要将网页进行分类保存，即把收藏的页面移至文件夹中。选择"收藏"|"整理收藏夹"命令，打开"整理收藏夹"对话框。在此对话框中可以创建或者删除收藏分类，也可以重命名分类或者网站名称，还可以为收藏的各个网址重新进行排序，或者将某一个网址移动到不同的分类中。

在收藏夹中新建"搜索引擎"分类，并将搜狐(www.sohu.com)网站保存到新建的收藏夹中。

(1)双击 IE 图标，启动 IE 浏览器。

(2)在"地址"栏中输入搜狐的网址 http://www.sohu.com。

(3)输入后按下 Enter 键，浏览器会打开搜狐网站的主页。

(4)选择“收藏”|“整理收藏夹”命令,打开“整理收藏夹”对话框(图6-3)。

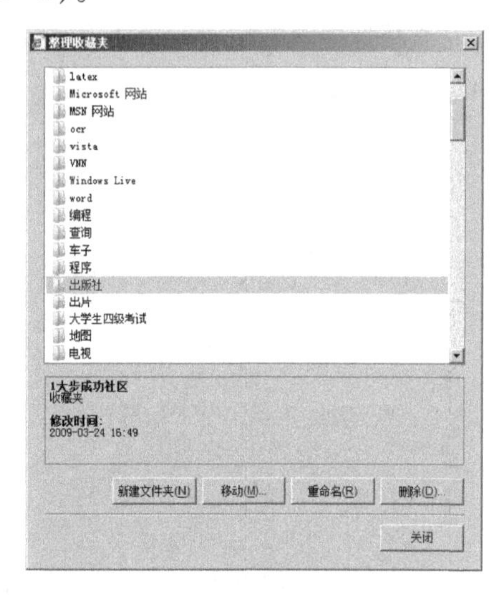


**图6-3 “整理收藏夹”对话框**

(5)单击“新建文件夹”按钮,在右侧的列表框中显示“新建文件夹”,输入“搜索引擎”字样,然后按Enter键。

(6)单击“关闭”,按钮,关闭“整理收藏夹”文件夹。

(7)选择“收藏”|“添加到收藏夹”命令,打开“添加到收藏夹”对话框。

(8)单击“创建到”按钮,在对话框的下侧自动显示“创建到”列表框(图6-4)。

(9)选择“搜索引擎”文件夹,单击“确定”按钮完成收藏。

**(三)使用“历史记录”**

IE浏览器还允许用户查询在过去几天、几小时或几分钟前曾经浏览过的网页和网站,此功能可以方便用户快速打开以前访问过的网站。此外,还可以指定历史记录的保存天数,也可以清除所保留的历史记录信息。

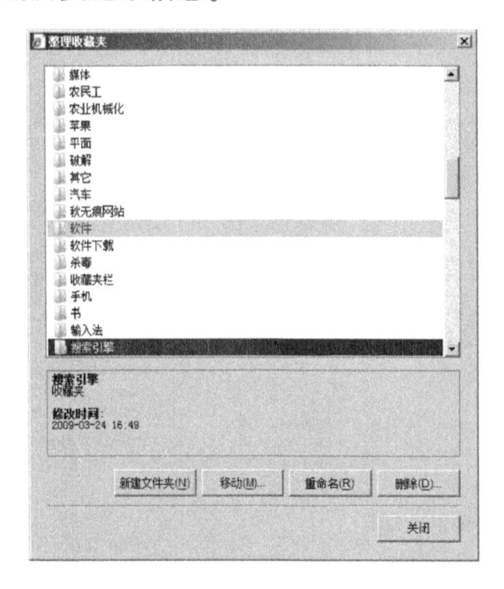


**图 6－4　“添加到收藏夹”对话框**

查看上星期浏览过的网页。

(1)打开 IE 浏览器。

(2)单击“常用”工具栏上的“历史”按钮,左侧显示“历史记录”任务窗格,其中包含了用户在最近几天或几星期内访问过的网页和站点的链接。

(3)单击“2 周之前”分类文件夹(图 6－5)。

(4)展开上周浏览过的网站,选择要浏览网页所在的网站,单击进入,双击对应网页即可浏览。

浏览网页保存天数可自定义。打开“Internet 选项”对话框,在“常规”选项卡的“历史记录”选项组(图 6－6)的“网页保存在历史记录中的天数”微调框中设置保留天数,默认为 20。

设定的天数越多,保存该信息所需的磁盘空间就越多。单击“清除历史记录”按钮,即可清空所保存的所有历史记录信息。

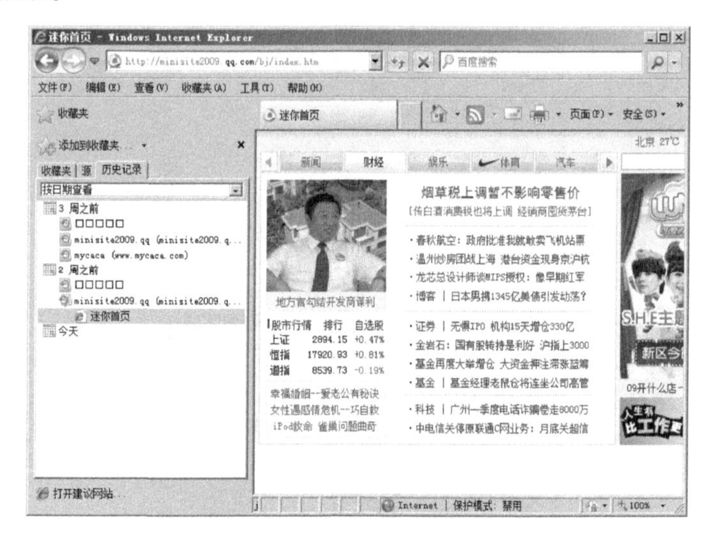


图 6－5　单击分类文件夹

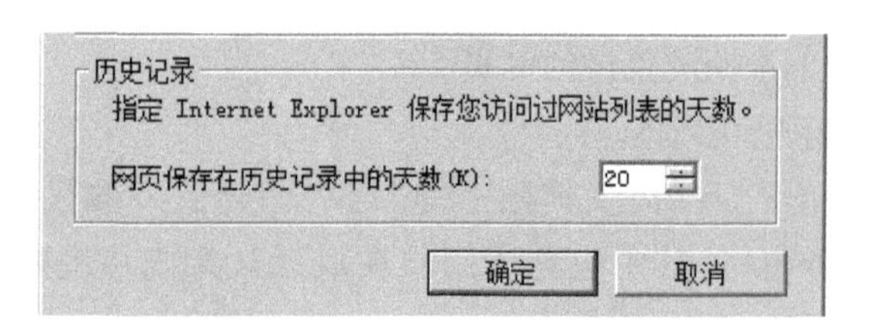


图 6－6　“Internet 选项”对话框中的“历史记录”选项组

## (四)过滤网络有害信息

Internet 上提供了各式各样的信息，有些信息可以给工作、生活带来帮助。但是也有些不良信息，例如，成人不健康、暴力、反动信息等。为了可以更好地使用网络，有必要屏蔽不良信息。使用 IE 的“分级审查”功能可以过滤或者禁止查看包含暴力或性等内容的网站。

限制网页显示暴力、色情信息。

(1)打开 IE 浏览器，选择“工具”|“Internet 选项”命令，打开“Internet 选项”对话框，切换到“内容”选项卡。

(2)单击“内容”选项卡中的“启用”按钮，打开如图 6－7 所示的“内容审查程序”对话框。在“级别”选项卡中，可以对网站上的“暴力”“裸体”“性”和“语言”等方面进行过滤。

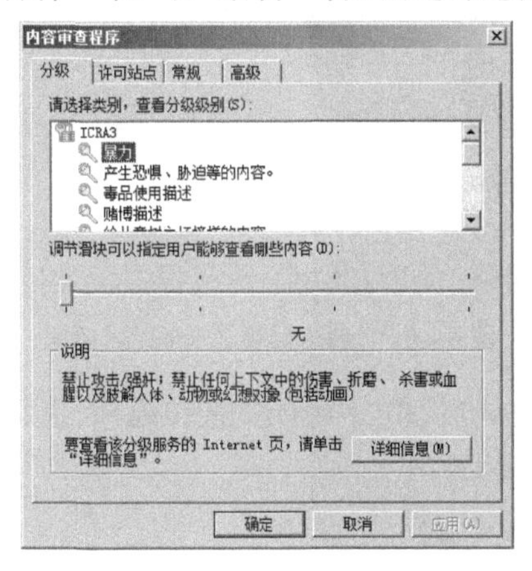


**图 6－7　“内容审查程序”对话框**

(3)暴力级别共分 4 级：0(无暴力)、1(打斗)、2(杀戮)、3(带血腥的杀戮场面)和 4(恣意的而且非常无理的暴力行为)，默认设置的是 0(无暴力)。

(4)完成设置后单击“应用”按钮，再打开 IE 上网，发现所禁止的某些内容或者图片就显示不出来了。

(5)为了防止更改浏览器的分级设置，可以为分级设置添加密码。切换到“内容审查程序”对话框的“常规”选项卡，单击“创建密码”按钮，打开如图 6－8 所示的“创建监督人密码”对话框。

(6)在“密码”文本框中键入密码，密码可以是纯数字，也可以是数字和字母的组合;在“确认密码”文本框中重复键入密码。

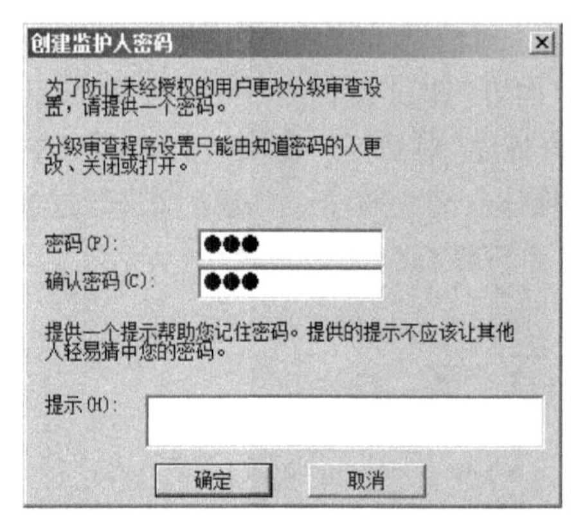


**图6-8 “创建监督人密码”对话框**

(7)设置完成后,单击“确定”按钮返回,重新启动电脑后,即可应用上述设置。

**(五)设置安全级别**

IE浏览器提供了4种安全级别:低、中低、中和高。用户可以通过更改安全级别禁用或启用ActiveX插件以及控制、脚本等设置。要更改安全级别,应先按进入“Internet选项”对话框,切换至“安全”选项卡。如果要使用系统提供的设置,可单击“默认设置”按钮;如果要自定义安全级别,可单击“自定义级别”按钮。

(1)打开IE浏览器,选择“工具”|“Internet选项”命令,打开“Internet选项”对话框。

(2)切换至“安全”选项卡,单击“自定义级别”按钮,打开“安全设置”对话框(图6-9)。

(3)确认单击的安全级别为“中级”,否则可打开“重置为”下拉列表框,从中选择“安全级-中”选项。

(4)选择“ActiveX 控件和插件”选项组下的“启用”单选按钮,表示在打开网页时若发现未安装的 ActiveX 控件或插件时自动弹出提示对话框。

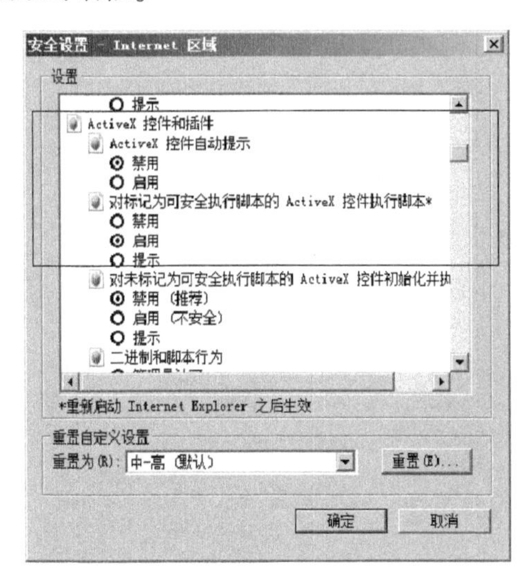


**图 6－9　“安全设置”对话框**

(5)确认已选择了“对标记为可安全执行脚本的 ActiveX 控件执行脚本”选项组下的“启用”单选按钮。

(6)向下移动垂直滚动条,找到“下载已签名的 ActiveX 控件”选项组,并选择其下的“启用”单选按钮(图 6－10)。

(7)设置完毕,单击“确定”按钮,退出“安全设置”对话框。

(8)单击“确定”按钮,退出“Internet 选项”对话框,完成设置。

### (六)设置自动记忆功能

IE 浏览器的自动记忆功能,可以记忆用户曾登录过的网站网址,也能自动记忆用户登录邮箱或表单时填写的“用户名”及“密码”。当用户输入用户名或密码并确认后,会自动弹出如图

6－11 所示的“自动完成”对话框，询问是否愿意保存密码，单击“是”按钮，下次登录时输入用户名后密码自动显示，简化了操作。

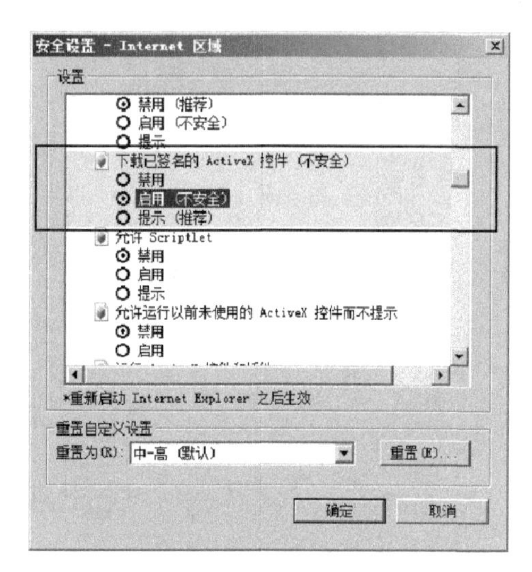


**图 6－10　启用下载已签名控件**

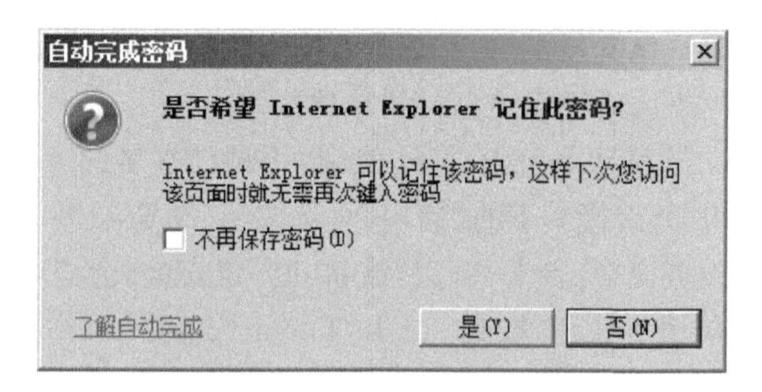


**图 6－11　“自动完成”对话框**

万事皆有利有弊，不利之处在于容易被网络黑客或者病毒程序利用，会带来安全隐患。因此，建议用户要养成定时清理各种填表记录的良好习惯。

取消自动记忆用户名和密码功能。

(1)打开“Internet 选项”对话框,切换到“内容”选项卡。

(2)单击“自动完成”按钮,打开如图 6－12 所示的“自动完成设置”对话框。

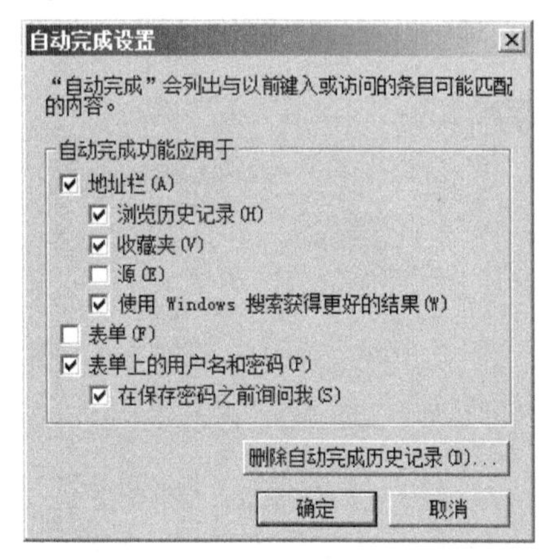


**图 6－12　“自动完成设置”对话框**

(3)取消选择“自动完成功能应用于”选项组中的“表单上的用户名和密码”复选框,其下的“提示我保存密码”选项自动变为不可用。

(4)设置完毕,连续单击“确定”按钮完成设置。

在 IE 地址栏内键入反斜杠“\”,然后按 Enter 键,自动显示 IE 所在分区硬盘根目录下的所有文件夹及文件,地址栏内的反斜杠自动变为相应的盘符。

**(七)清除 Internet 临时文件**

在每次打开某个网页时,IE 浏览器自动将网页的相关信息保存到临时文件夹中,以方便用户日后脱机时浏览。

进入“Internet 选项”对话框,确认当前显示“常规”选项卡,单击“Internet 临时文件”选项组中的“删除 Cookies”按钮,可删除存留的各种登录信息；单击“删除文件”按钮可删除临时文件。

单击“浏览历史记录”选项组中的“设置”按钮，在打开“设置”对话框中查看临时文件夹所在的具体路径，并在其下的“要使用的磁盘空间”选项中设置临时文件夹所占的空间(图6－13)。

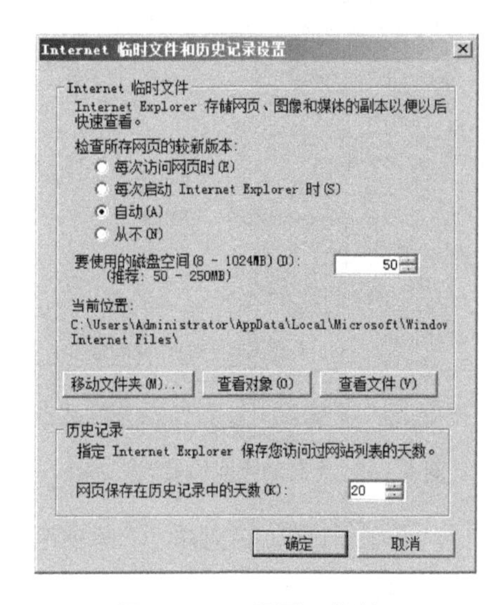


**图6－13　“设置”对话框**

### (八)IE中的Cookie

Cookie的英文原意为“甜饼”，在这里是指从服务器发送的通过浏览器将在本地电脑中进行存储的少量数据。通常记录的是用户在该站点的访问次数、访问时间、进入路径等信息。

打开“Internet选项”对话框，切换至“隐私”选项卡，单击“高级”按钮，打开“高级隐私策略设置”对话框，选择“替代自动cookie处理”复选框(图6－14)。在该对话框中可根据需要设置“第一方Cookie”“第三方Cookie”及“会话Cookie”。

(1)“第一方Cookie”指的是来自当前正在访问的网站，储存了一定的信息。建议用户选择“接受”选项。

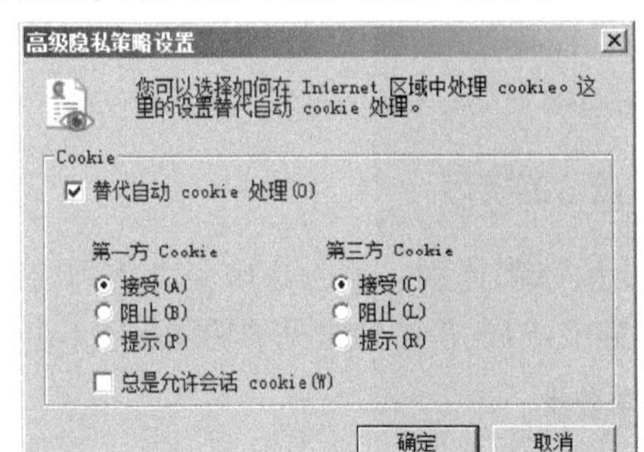


**图 6－14　“高级隐私策略设置”对话框**

(2)“第三方 Cookie”指的是来自当前访问网站以外的站点，最常见的就是那些在被访问站点中放置广告的第三方站点。默认选择的是“拒绝”选项，建议用户选择“拒绝”选项。

(3)“会话 Cookie”是指当前浏览时存储的一些信息，在关闭 IE 的同时，这些 Cookies 也同时被删除，一般没什么危害。用户可根据自己的意愿选择该选项。

## 第二节　网上搜索

用搜索引擎可以帮助我们快速地筛选网址和内容，达到事半功倍的效果。

### 一、搜索引擎

随着 Internet 信息按几何方式增长，出现了搜索引擎。搜索引擎就是提供信息检索服务的网站，它使用某些程序把 Internet 上的所有信息归类，以方便人们查询所需要的信息。以下为常用的搜索引擎。

google:google. com

百度:baidu. com

中文雅虎:cn. yahoo. com

## 二、网上搜索的技巧

各个搜索引擎都提供一些方法来帮助我们精确地查找内容,这些方法略有不同,但一些常见的功能是差不多的。

### (一)模糊查找

输入一个关键词,搜索引擎就找到包括关键词的网址和与关键词意义相近的网址。

### (二)精确查找

精确查找一般是在文字框中输入关键词时,加一对半角的双引号。如图 6-15 所示,是利用百度查找“清华大学”结果的显示。

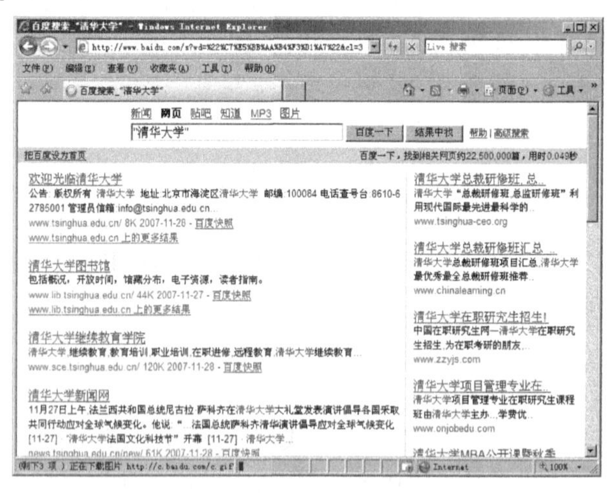


**图 6-15　用百度精确查找“清华大学”**

### （三）逻辑查找

如果我们想查找与多个关键词相关的内容，可以一次输入多个关键词，在各关键词之间用操作符（AND，OR，NOT）来连接。

“AND”也可以用“&”，在中文中一般用“+”号连接关键词。例如，要查找的内容必须同时包括“计算机、硬件、价格”三个关键词时就可用“电脑+硬件+价格”来表示。

“OR”，在中文中一般用“，”把关键词分开，它表示查找的内容不必同时包括这些关键词，而只要包括其中的任何一个即可。

“NOT”要排除的关键词，中文一般用符号“-”。例如，要查找“计算机”，但必须没有“价格”字样，就可以用“计算机”；如必须没有“价格”字样，就可以用“计算机-价格”来表示。

查询网络资源最方便快捷的方式是使用搜索引擎，搜索引擎是收集了 Internet 上几千万到几亿个网页并对网页中的内容进行索引，建立索引数据库的全文搜索引擎。当用户查找某个关键词的时候，所有在页面内容中包含了该关键词的网页都将作为搜索结果显示出来。

## 三、使用百度搜索引擎

使用搜索引擎搜索网络资源的最基本也是最重要的技巧是选择合适的关键词。所谓关键词，就是用户输入到搜索框中的文字，也就是命令搜索引擎寻找的东西。它可以是任何中文、英文、数字，或中文英文数字的混合体；可以是用户要寻找的任何内容，如人名、网站、新闻、小说、软件、游戏、星座、工作、购物和论文等。正确地选择关键词，是提高查找到精确相关信息的基本方法。

### （一）搜索网页

网页搜索是大部分用户查找信息的主要途径，使用百度搜索引擎的用户可以精确快捷地查找到大量的中文网页信息。通过网页搜索可以搜索天文、地理、人事、气象、文学、影视、娱乐和风情等各方面的信息，而搜索的关键就在于选用合适的关键字。

关注两会关于教育的相关内容。

(1)启动网页浏览器，在地址栏中输入 www. baidu. com 后按 Enter 键，打开百度搜索引擎主页。

(2)在文本框中输入“两会教育”(中间用空格隔开)，然后按 Enter 键，或单击右侧的“百度搜索”按钮。百度搜索引擎将搜索到的信息以网页列表形式罗列出来(图 6－16)，单击任意超链接即可浏览对应新闻。

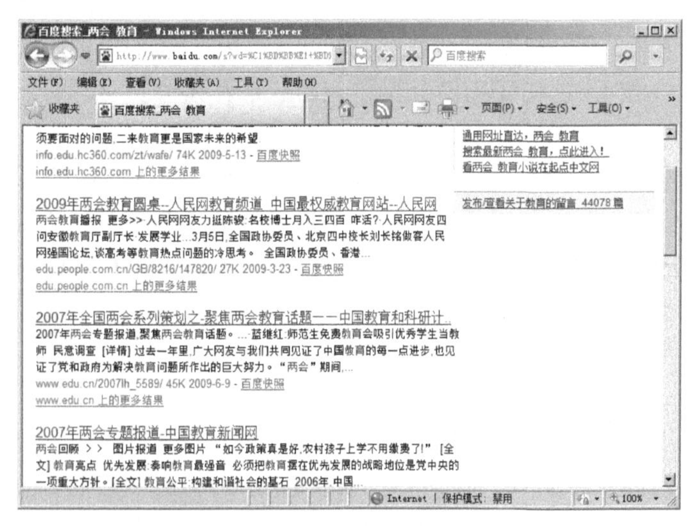


**图 6－16　以网页形式搜索**

(3)如果搜索的是相关的新闻，可单击“百度”首页中的“新闻”超链接。

(4)在文本框中输入“两会教育”，选择其下的“新闻标题”单选按钮。

(5)按 Enter 键,或是单击右侧的“百度搜索”按钮,百度搜索引擎将搜索到的信息以网页列表形式罗列出来(图 6－17)。

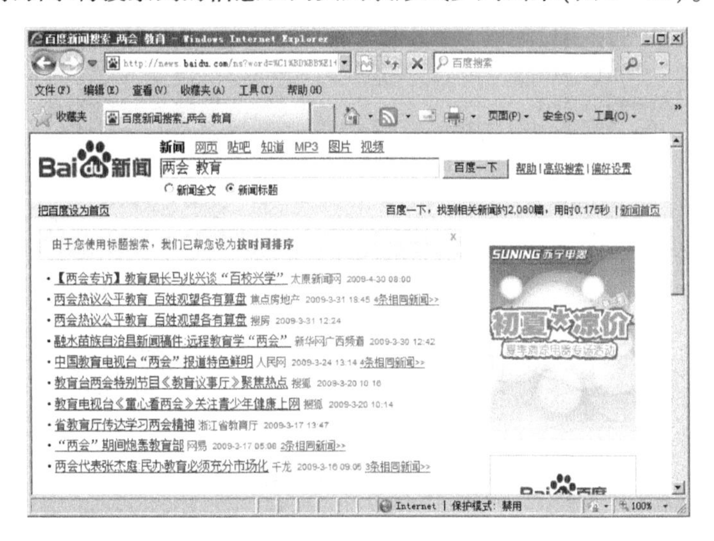


**图 6－17　以新闻形式搜索**

## (二)搜索 MP3 歌曲

Internet 上有许多网站都提供有各种各样的 MP3 歌曲试听下载,可以直接使用百度搜索引擎,根据不同的关键词来搜索自己想要的歌曲。如果出现相同歌曲名时,可添加其他的关键词,如歌手名一起就可快速准确地找到这首歌。

例如,搜索林志颖的“稻草人”的歌曲,并在线试听。

(1)进入“百度”首页,单击 MP3 超链接。

(2)在文本框中输入“稻草人”,并选择其下的“歌词”单选按钮,按 Enter 键,进入如图 6－18 所示的网页。

(3)单击“试听”一栏下的任意一个“试听”超链接,打开“MP3 试听”窗口。缓冲处理至 100% 即可播放歌曲,如图 6－19 所示。

图 6－18　搜索 MP3

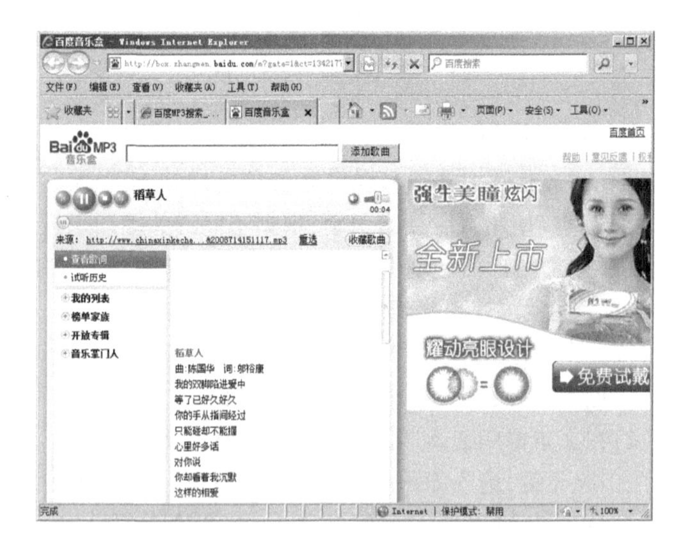


图 6－19　在线试听

### (三)搜索图片

搜索图片的方法与搜索其他内容类似,搜索时可先选择图像的尺寸,一般分为大图、中图、小图和壁纸这4种。一般而言,宽大于800像素而高大于600像素(即800 × 600)的图像为大图;宽/高都小于200像素(即200 × 200)的图像为小图;介于两者之间的为中图。壁纸根据其大小共分为4种类型,分别为:800×600、1024×768、1280×960和1600×1200。除此之外,还有两个选项:新闻图片和全部图片。这两个选项的作用一看即知,就不介绍了。

## 第三节　在线翻译

我们经常会在工作或学习中遇到不会的英文单词,或有些句子不会翻译,而计算机中又没有翻译软件,怎么样才能快速解决问题呢?如果计算机能上网,我们就可以用在线翻译来快速解决此类问题。

### 一、常用的在线翻译网站

在网络上有很多在线翻译网站,其中常用的有:

爱词霸:http://www.iciba.com/

雅虎翻译:http://fanyi.cn.yahoo.com/

金桥翻译:http://www.netat.net/

Google在线翻译:http://www.google.cn

百度词典:http://dict.baidu.com/

### 二、使用在线翻译

在上述网站中,本章以金山公司的爱词霸为例,讲解在线翻译的使用。

### (一)查单词

在爱词霸网页中,只要在搜索框中输入所要查找的字或者词组,并按一下“词霸查询”按钮,爱词霸就会自动查出对应的词义、解释和资料。爱词霸会寻找所有符合用户查询条件的资料,并把简明英汉词典等比较常用的词典的词义、解释展开排在最前面。

在爱词霸网页中查询单词“competitive”的含义。

(1)打开 IE 浏览器,输入“http:www. iciba. com/”,如图 6 - 20 所示。

**图 6 - 20　爱词霸首页**

(2)在爱词霸首页中单击“词典”选项卡。

(3)在文本框中输入“competitive”,单击“词霸查询”按钮。查询结果如图 6 - 21 所示。

图 6－21　单词查询结果

**(二)模糊查询**

当用户忘记单词的完整拼写时,模糊查询可以给用户带来很大的方便。使用“ * ”可以代替零到多个字母,“?”仅代表一个字符。例如,当我们输入“s? ft”,就可以搜索查到“soft”和“sift”。输入“s * ft”,可查到“soft”、“sift”、“shaft”等词。

在爱词霸网页中查询单词“wo * d”的含义。

(1)打开 IE 浏览器,输入“http:www. iciba. com/”。

(2)在爱词霸首页中单击“词典”选项卡。

(3)在文本框中输入“wo * d”,单击“词霸查询”按钮。查询结果如图 6－22 所示。

**(三)查短语**

短句搜索的目的是帮助用户随心所欲地写出流利的英语句子,而不是简单的提供中英文翻译。用户可以在输入框中输入中文短句,系统便可找到与用户输入的短句最相近的中－英双语例句。用户只需少量的改动,即可以得到满意的英语翻译句子。如果检索结果中没有令用户满意的句子,用户可以缩短查的句子或短语,再次进行查询。

**图 6－22 模糊查询结果**

在爱词霸网页中查询短语"工具软件"的含义。

(1)打开 IE 浏览器,输入"http:www. iciba. com/"。

(2)在爱词霸首页中单击"字库"选项卡。

(3)在文本框中输入"工具软件",单击"查句"按钮。

系统会找到和"工具软件"有关短语,短句查询结果如图 6－23所示。

### (四)翻译句子

爱词霸支持单句和整段文字的查询。

在爱词霸网页中查询句子"提高管理水平"的含义。

(1)打开 IE 浏览器,输入"http:www. iciba. com/"。

(2)在爱词霸首页中单击"翻译"选项卡,出现如图 6－24

所示的页面。

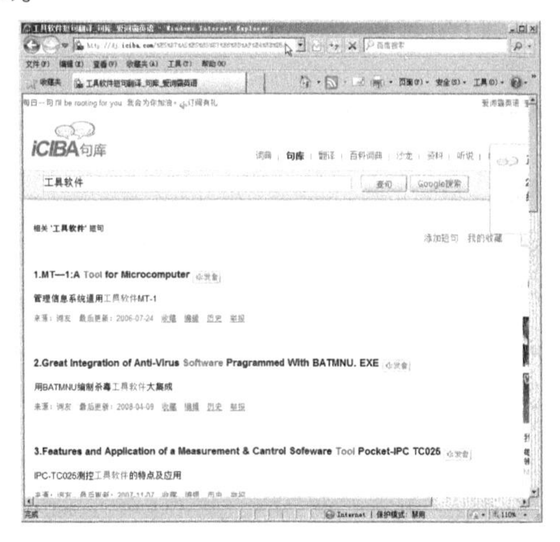


**图 6－23　短句查询结果**

**图 6－24　翻译页面**

(3)在左边窗格输入想要翻译的句子“QQ 音乐是腾讯公司推出的一款免费音乐播放器”。

(4)在左窗格下方选择翻译的类型:中文(简)→英语。

(5)单击“翻译”按钮,完成翻译。

## 三、Google 翻译工具

### (一)概述

Google 翻译工具是 Google 网站提供的一项中英文互译的服务。

### (二)Google 翻译工具的应用

使用 Google 的翻译工具对用户指定内容进行中英文的在线翻译。

1. 中文→英文

输入 Google 的网站:www.google.com,出现如图 6-25 所示

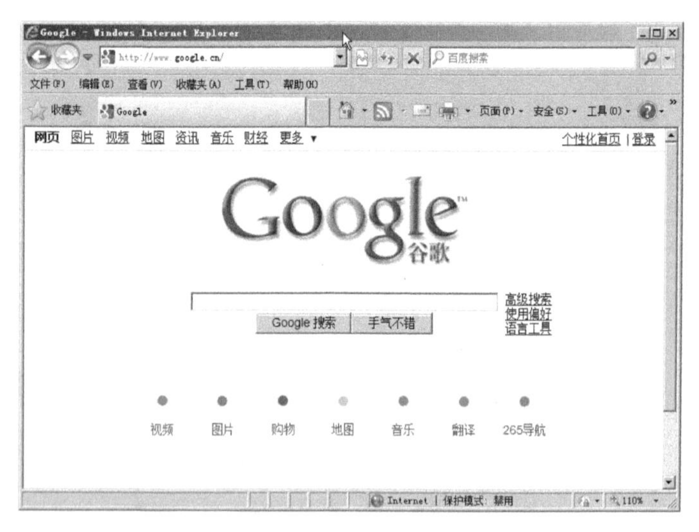


**图 6-25 Google 的首页**

的页面,点击“翻译”按钮,在 Google 翻译页面的原文中输入要

翻译成英文的中文(这里为“这这是一个 Google 的测试文字功能”),选择“中文到英语”后单击“翻译”按钮,在网页的右侧就会显示 Google 自动翻译后的英文,如图 6－26 所示。

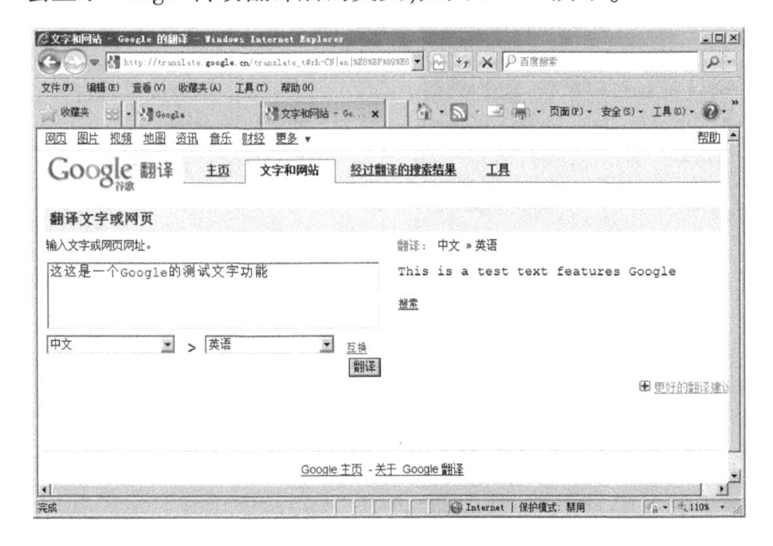


图 6－26　中译英

2. 英文→中文

在 Google 翻译页面的原文中输入要翻译成中文的英文,选择“英文到中文(简体)”后单击“翻译”按钮,在网页的右侧就会显示 Google 自动翻译后的中文,如图 6－27 所示。

**(三)翻译网页**

使用 Google 的翻译工具对用户指定的网页进行翻译。

(1)输入要翻译的网页的 URL 地址,如图 6－28 所示。

(2)选择“中文到英语”后单击“翻译”按钮,完成网页的翻译,如图 6－29 所示。

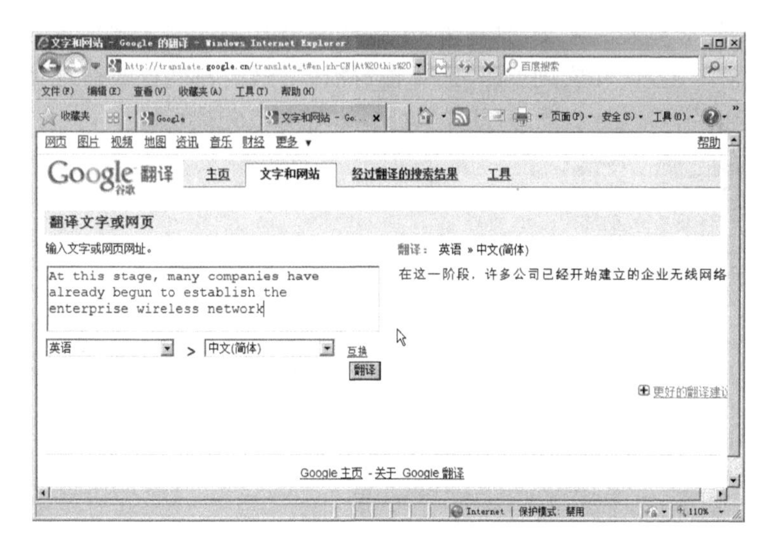


图 6－27　英译中

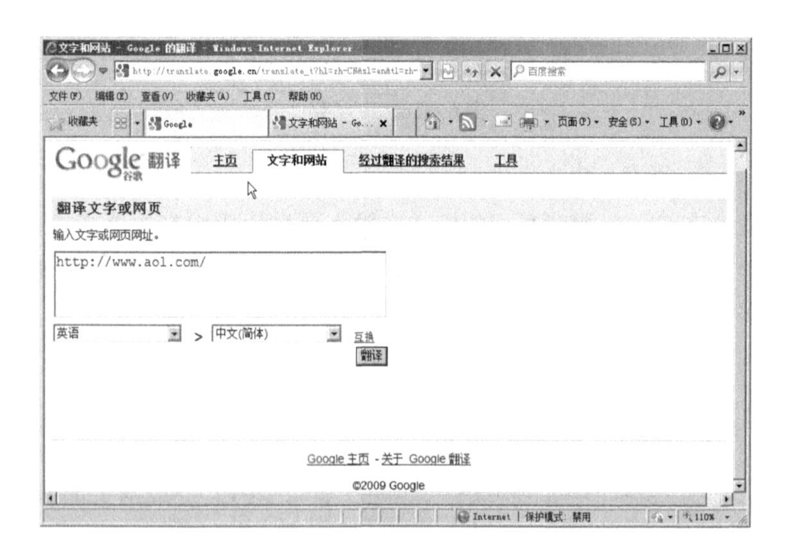


图 6－28　选择"翻译网页"

图 6－29　翻译后的网页

# 第四节　网上阅读

超星阅览器(Super Star Reader,SSReader)是专门针对数字图书、文献的阅览、下载、打印、版权保护和下载计费而研究开发的一款图书浏览工具,可支持 PDG、PDF 等主流的电子图书格式,广泛应用于各大数字图书馆和网络出版系统。

## 一、超星数字图书网

### (一)超星数字图书网

超星数字图书网也称为超星数字图书馆(http://www.ssreader.com),是国家 863 计划中国数字图书馆示范工程项目,于 2000 年 1 月在互联网上正式开通(图 6－30)。它由北京世纪超星信息技术发展有限责任公司投资兴建,设文学、历史、法律、军事、经济、科学、医药、工程、建筑、交通、计算机和环保等几十个分馆,目前拥有数字图书十多万种。每一位读者通过互联网都可以免费阅读超星数字图书馆中的图书资料,凭超星读书卡可将数字图书下载到用户本地计算机上进行离线阅读。

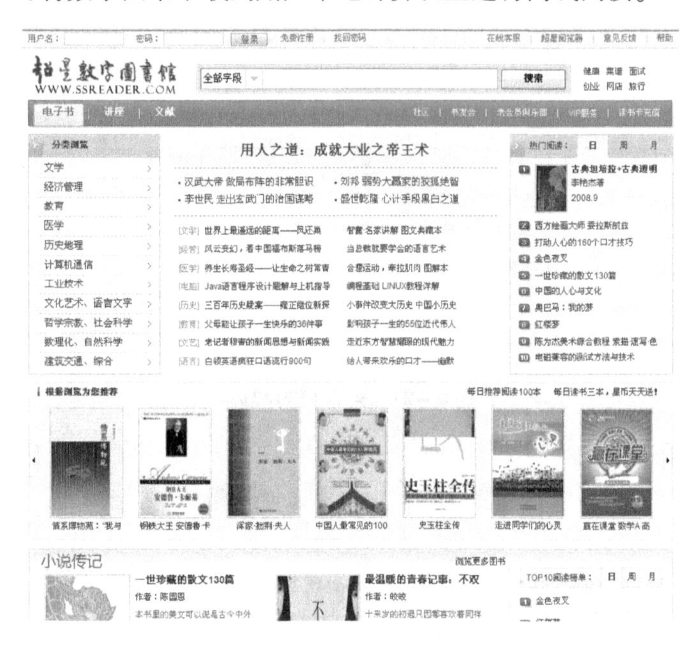


**图 6-30　超星数字图书馆**

超星数字图书馆主要由首页、会员图书馆、电子书店、免费阅览室、原创、社区、博客、付费中心、读书卡、软件下载等栏目组成。首页(主页)中图书分类有文学、计算机通信、工业技术、经济和管理、历史地理、教育、社会科学、语言文字、医学、数理化、文化艺术、哲学宗教、自然科学、建筑交通、综合等门类。超星数字资源已经积累了69万种图书,包括中国图书馆图书分类法全部22个大类,期刊目次670万条,全文总量4亿余页,数据总量30000GB,并且拥有新书精品库、独家专业图书资源等,该图书馆中图书数量最多、种类配比合理、更新迅速及时。超星数字图书馆为目前全球最大的中文在线数字图书馆。

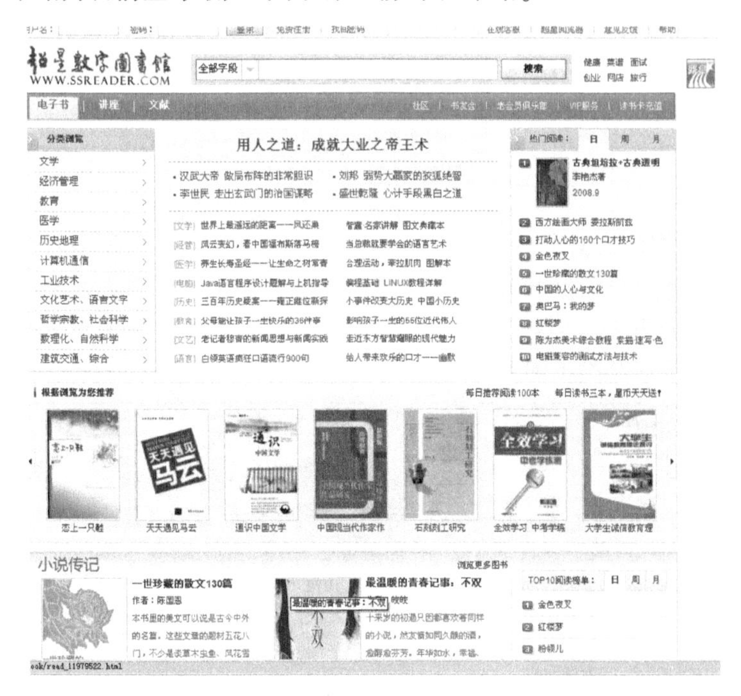


图6－31　超星阅览器

**(二)超星图书阅览器**

下载安装超星图书阅览器最新版SSReader，运行该软件，其主界面如图6－31所示。超星图书阅读器也称为超星浏览器或者超星图书浏览器，是一款远程图书阅览器，它是运行在Windows系统简体中文版下的32位程序，是北京超星公司自己开发并拥有自主知识产权的远程图书阅览器，专门针对数字图书的阅览、下载、打印、版权保护和下载计费而研究开发。超星浏览器主要有增强版与标准版，增强版有OCR文字识别功能，可以摘录书中文字。已经安装了标准版本的用户可以通过运行智能升级程序来增加文字识别、个人扫描功能。

该软件主界面由菜单栏、工具栏、选项卡、图书目录框、图书浏览框等部分组成。各个选项卡集中在软件主界面的左侧，包括“资源”“历史”“交流”“搜索”“采集”5 个部分。

## 二、使用 SSReader 搜索资料

使用超星图书浏览器 SSReader 搜索资料，首先要安装运行超星图书浏览器 SSReader，在超星数字图书馆搜索页面左侧将图书分为 22 大类，逐级单击分类进入下级子分类。同时页面右侧显示该分类下图书详细信息，具体如图 6－32 所示。

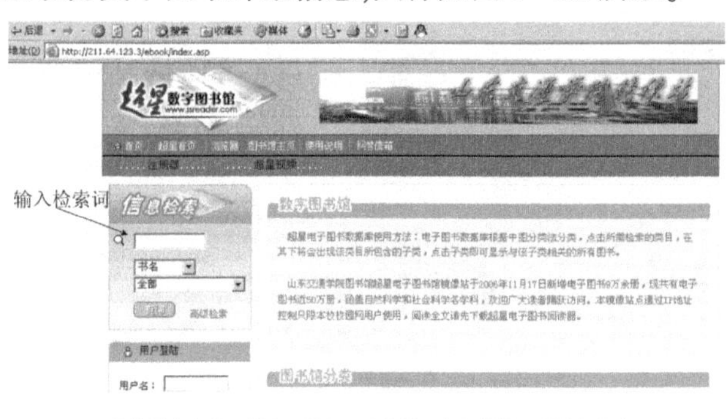


**图 6－32　利用超星数字图书馆搜索资料**

超星数字图书馆提供 3 种检索方式，即简单检索（快速检索）、分类浏览和高级检索。在超星浏览器页面上方提供了快速检索和高级检索功能。通过在输入框中输入检索词，单击“检索”按钮可进行图书查找。“在当前分类检索”指检索范围是在当前所在分类中检索，“在结果中检索”指在上次的检索结果中进行再次检索，“高级检索”指对书名、作者、主题词、出版

年代、检索范围等条件的组合检索。

### （一）简单检索

简单检索即快速检索，超星数字图书馆主页默认的检索方式是快速检索，用户在主页上方的检索字段中选择检索字段（系统提供书名、作者、主题词 3 个检索字段），再在检索内容文本框中输入检索词，然后选择检索范围，单击“检索”按钮即可得到检索结果，单击搜索结果中书名的超级链接可以在线阅读或下载此书（图 6－33）。

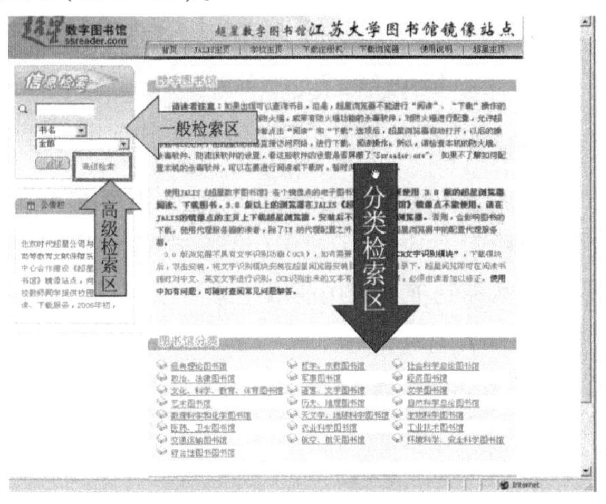


图 6－33　简单检索

### （二）分类浏览

超星图书馆中的图书分布在 34 个子级分类图书馆中，在主页上列有各子级馆的名称链接，单击各馆名称可出现相应的目录。一级级目录深入下去，最终出现所需图书的书名，直接单击结果中书名的链接可以在线阅读或下载此书。在当前分类检索时，检索范围是在当前所在分类中检索（图 6－34），在经济大类中，检索书名包含“产业结构”的图书。

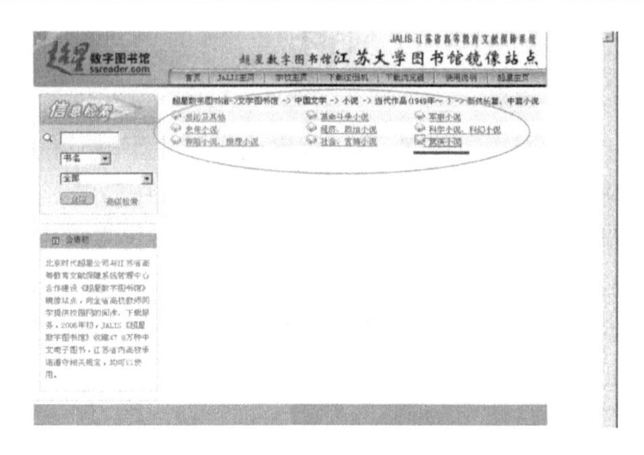


**图 6－34　在当前分类检索**

## (三)高级检索

超星数字图书馆提供高级检索功能,即提供多个检索项之间的逻辑组合检索,并增加了逻辑、出版年代、排序、每页显示、检索范围等检索控制项。利用高级检索可以获得更为精确的检索结果(图 6－35)。

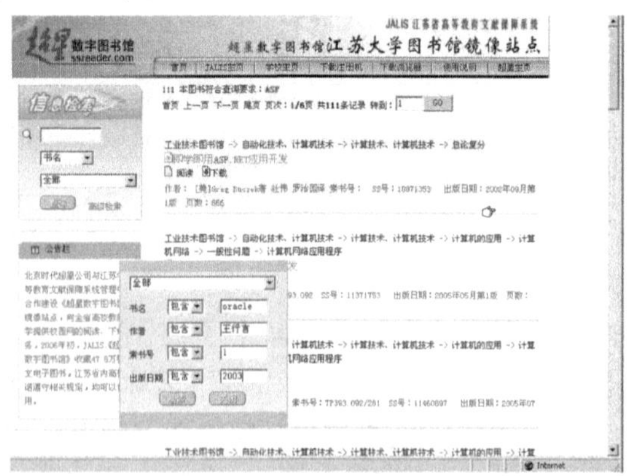


**图 6－35　高级检索**

### (四)查看检索结果

在快速检索或高级检索中输入检索条件,单击“检索”按钮查看检索结果(图6-36),在检索结果页面中显示图书的书名、作者、出版日期、主题词、分类、图书简介。

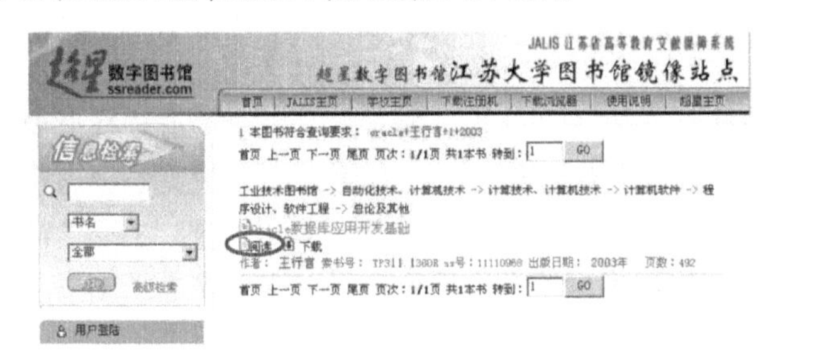


图6-36　查看检索结果

超星浏览器SSReader安装成功后,无论是通过简单检索、高级检索还是图书浏览的方式打开任一本图书时,超星浏览器都会自动开启。

## 三、使用SSReader阅读图书

单击选择超星图书浏览器SSReader左边“资源”选项卡,切换到“资源列表”窗口中,用户可以选择本地图书馆、光盘或数字图书馆。

### (一)浏览本地图书馆图书

浏览本地图书馆图书即浏览用户计算机上已经下载或收藏的图书,用户既可以在线阅览,也可以离线阅览。在线阅览指通过网络来阅览图书(网络要保持连通),离线阅览可以不需要通过网络,就在本地计算机即可阅读。具体操作步骤如下。

(1)运行超星阅览器SSReader,单击选择该窗口左边“资源”选项卡,单击资源列表左侧的“+”号展开“本地图书馆”,选择“个人图书馆”或“其他”。

(2)展开“个人图书馆”,显示“文学”图书分类,用户也可以自己创建图书的类别。在“文学”上右击,在快捷菜单中选择“新建”或“新建子分类”命令。

(3)在新建的分类名上右击,在弹出的快捷菜单中选择“导入”|“文件夹”命令,弹出“浏览文件夹”对话框。

(4)选择已下载好的图书。在资源列表中单击选择所要阅览的图书如“数据库系统设计”,在右侧的图书浏览框中右击该图书或该图书下的某一章节,在快捷菜单中选择“打开”命令(图6-37)。在图书浏览框中用户也可以双击该电子图书或其某一章节进行阅览。

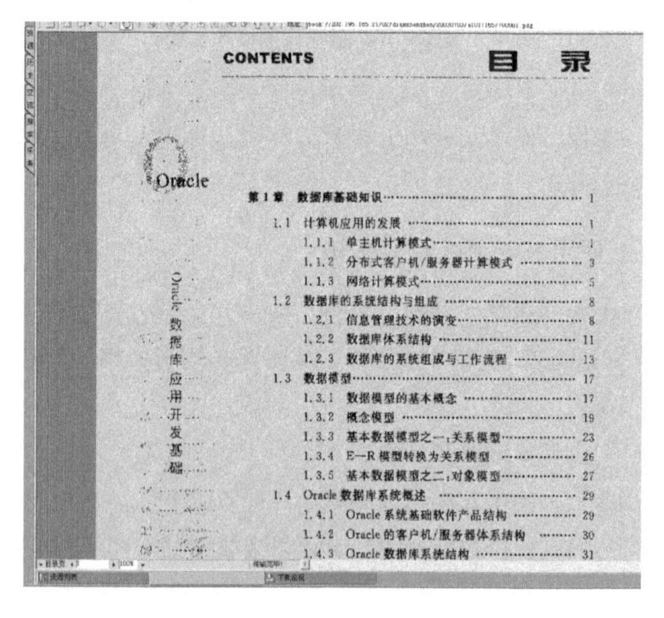

CONTENTS 目录

Oracle

Oracle数据库应用开发基础



**图6-37 在SSReader浏览器中阅览电子图书**

(5)用户在“超星图书浏览器”中浏览同一页的内容可拖动

右边的滚动条，或按住鼠标左键上下拖动。也可以单击工具栏上的“手形”按钮，鼠标箭头变为“手形”，这时用户可以上下拖动页面。用户通过单击↑或↓按钮来进行上下翻页（注意关闭左侧“目录树列表框”可显示这两个按钮）。也可以右击所在页面，在弹出的快捷菜单中选择“上一页”或“下一页”菜单项来进行翻页（图6－38）。

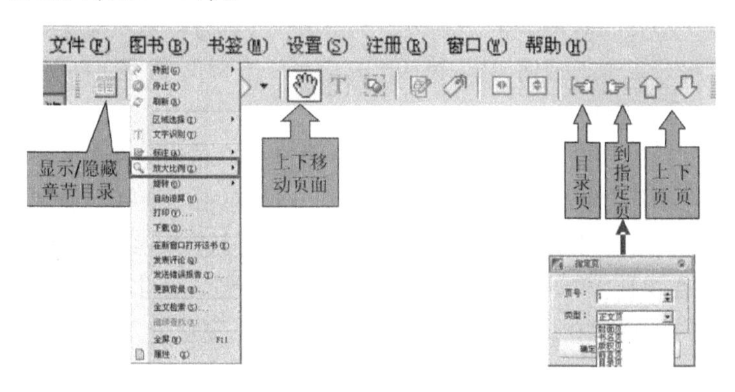


图6－38　图书的浏览和翻页

（6）在超星图书浏览器中阅览图书时，如果想要到指定页，可以在窗口下边“正文页”旁边的输入框中输入页码，就可以到指定页了；还可以在图书浏览框中右击，在弹出的快捷菜单中选择“指定页”命令，在指定页窗口输入或调整正文页的页码即可。

**（二）浏览数字图书馆图书**

浏览超星数字图书馆的图书只能在线阅览，不能离线阅览。要想离线阅览，只有下载保存到本地计算机上或移动U盘上，才能阅览想看的图书。在线阅览图书最大的好处是可以进行远程阅览不在同一个图书馆的电子图书。超星数字图书馆分为免费阅览室、每日新书、哲学宗教、社会科学、经济管理等22个分

类的电子图书主题馆。注意:如果想在线阅览各主题馆的图书,必须注册为超星会员。浏览数字图书馆图书的具体操作步骤如下:

(1)运行超星浏览器 SSReader,单击选择浏览器左侧“资源”选项卡,单击“资源列表”中“数字图书馆”左侧的“+”号并展开。

(2)用户在展开的“数字图书馆”中可以选择“免费阅览室”或“每日新书”或各主题馆,单击选择“免费阅览室”左侧的“+”号并展开。

(3)在展开的“免费阅览室”中用户可以单击选择“文学”“时尚生活”“教育教辅”等11个类别,这里单击书所在的类别。

(4)在图书阅览框中双击“泰米尔语教程精读第二册”或右击并在快捷菜单中选择“打开”命令,切换到该图书阅览窗口(图6-39)。在该窗口中,选择“在线阅读”,真正进入该电子图书阅览的窗口(图6-40)。

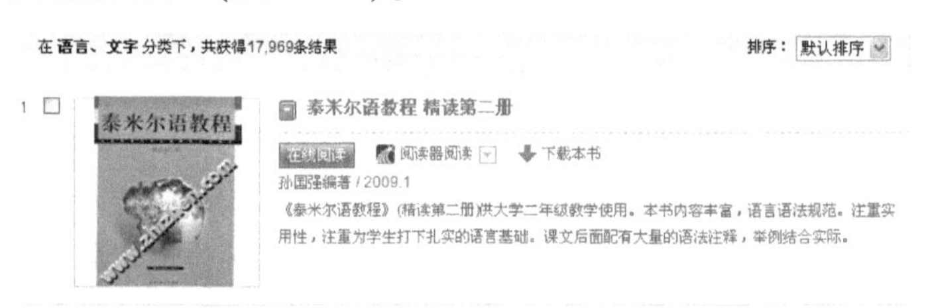


**图6-39　选择阅览器阅读电子图书**

(5)用户在超星图书浏览器中浏览同一页的内容可拖动右边的滚动条,或按住鼠标左键上下拖动;也可以单击工具栏上的“手形”按钮,鼠标箭头变为“手形”,这时用户可以上下拖动页面。用户通过单击↑或↓按钮来进行上下翻页,也可以右击所在页面,在弹出的快捷菜单中选择“上一页”或“下一页”命令来进行翻页。

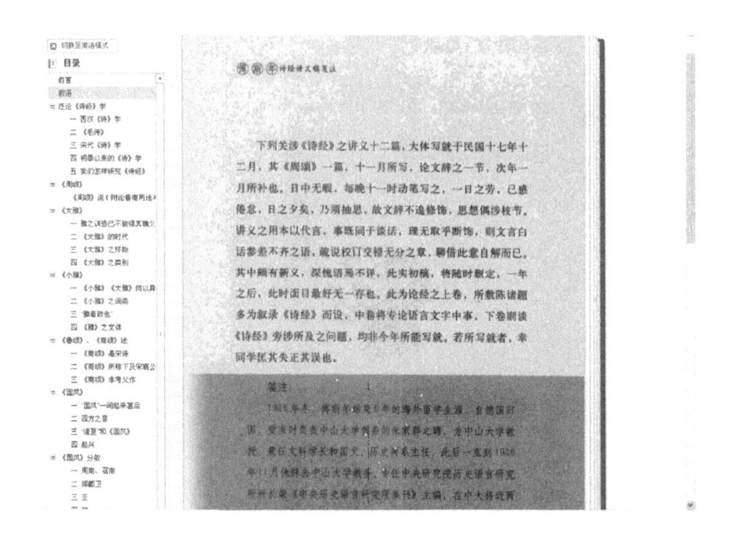


**图 6-40　阅览电子图书窗口**

(6)在超星图书浏览器中阅览图书时,如果想要到指定页,可以在窗口下边“正文页”旁边的输入框中输入页码,就可以到指定页了;还可以在图书浏览框中右击,在弹出的快捷菜单中选择“指定页”命令,在指定页窗口输入或调整正文页的页码即可。

**(三)运用超星浏览器 SSReader 下载电子图书**

在超星浏览器 SSReader 中用户可以在线阅读图书,如果想将图书保存下来以便以后再看,只有注册成为超星会员,才有权限下载电子图书。具体操作步骤如下。

(1)运行超星浏览器 SSReader,单击选择“资源”选项卡,展开资源列表中数字图书馆。

(2)用户在展开的“数字图书馆”中单击选择“免费阅览室”,单击选择“免费阅览室”左侧的“+”号并展开。找到需要的书,并在弹出窗口中单击选择“在线阅读”,进入该图书的阅读窗口。

**图 6-41　设置图书保存路径**

(3)用户下载远程图书馆的电子图书前,先要设置所选择下载图书保存的目录,系统默认的下载存放目录是 C:\Program files\ssreader36\local,用户可以自己选择存放的目录,选择“设置”|“选项”命令,弹出“选项”对话框,在“下载监视”选项卡下可以进行存放目录设置;也可以在下载时选择“图书”|“下载”命令,在弹出的“下载选项”对话框的“分类”选项卡中设置图书保存路径(图 6-41)。

(4)在超星浏览器 SSReader 的图书阅览框中,右击图书名称,在弹出的快捷菜单中选择“下载”命令。在弹出的“下载选项”对话框的“分类”选项卡中设置图书存放的路径。默认下载图书保存在本地图书馆的个人图书馆中。

(5)图书下载成功后用户可以在“本地图书馆”的“个人图书馆”的“分类1”找到,阅读方法与阅读本地图书馆图书的方法相同。

## 第五节　网络电视——PPLive

PPLive是一款用于互联网上大规模视频直播的P2P网络电视。

### 一、PPLive简介

PPLive基于P2P的网络电视平台,软件采用多点下载、网状模型的P2P技术,解决了网络视频点播服务的带宽和负载有限问题,实现了用户越多,播放越流畅的特性。使用PPLive软件可以免费观看到近千个在线直播的网络电视和两千多个点播频道,包括各类直播卫视、高清电影、最新大片、体育现场、少儿动漫、丰富的电影、综艺娱乐、股市财经、游戏部落等各类视频内容。

PPLive的下载安装比较简单,登录PPLive的官方网站(http://www.pplive.com/)就可以免费下载到PPLive最新版本的安装包,根据安装向导就能轻松地完成软件的安装,在软件安装完成后安装程序还会同时安装一款名为“PP加速器”的绿色软件,该软件可以帮助用户在观看视频网站(如土豆网、优酷网、56网、新浪播客、六间房、mofile等)时进行加速,提高视频下载速度,减少缓冲时间。

启动PPLive,界面如图6－42所示。在软件的主窗口区上方是“播放”和“浏览”两个功能选项卡。切换选项卡,分别在主窗口区显示要播放的视频内容或相关频道的内容介绍,鼠标悬停在“播放”内容显示区时,左上角会浮现出一组窗口工具按钮。主窗口区下方是一排播放控制按钮,右侧是可隐藏的频道列表。

图 6-42　PPLive 1.9 正式版界面

## 二、使用 PPLive 收看网络电视

PPLive 所提供的网络电视大致可以分成直播、轮播和点播 3 种形式。直播形式和轮播形式的视频只能进行实时收看,用户无法对视频播放进行暂停、回放等操作。轮播的视频会在一天内轮回进行播放,如果错过播放时间还可以等到下一个播放时间段重新收看。相比之下,点播形式的视频就要灵活多了,用户可以随时从头开始收看,也可以拖动播放滑块条定位到某一进度进行播放。

使用 PPLive 播放网络电视的方法非常简单。

(1)窗口右侧的频道列表,单击列表上方的“直播”选项卡。

(2)在频道列表中单击可显示出具体的频道列表。

(3)双击影片名即完成视频的点播,在几秒钟的数据缓冲之后就可以欣赏这部高清晰的影片了(图6-43)。鼠标悬停在频道列表的影片名上会浮现该片内容简介,单击影片名会在主窗口中切换“浏览”选项卡,显示该片的相关信息内容。

**图6-43　浏览频道列表**

## 三、使用PPLive播放本地视、音频文件

作为一款视频播放器,PPLive不光可以播放网络电视,也可以播放本地磁盘中的视音频文件。

(1)选择“文件”|“打开文件”命令,在弹出的“打开”对话框中浏览到视音频文件所在位置,选中要打开的文件,单击“打开”按钮就可以在PPLive软件中播放了。

**小技巧:**PPLive支持asx、asf、avi、rm、ram、ra、rmvb、mpeg、mpg、wmv、mp3、wma等多种视音频文件格式。

(2)将鼠标移至视频播放区域,在左上角浮现的窗口操作条中可选择以1倍大小窗口、2倍大小窗口、全屏显示或精简模式播放视频。单击“精简模式”按钮进入精简模式播放视频,单击悬浮工具条中“窗口置顶”按钮,使此视频窗口永远在桌面最上层显示,以达到工作电影两不误。

## 四、使用 PPLive 预订节目和定时播放网络电视

想要收看某个网络电视节目,又怕错过了时间,就可以使用 PPLive 的预订节目和定时播放功能预先设置好,这样到时间 PPLive 会提示或播放预定的节目了。“节目预订”和“定时播放”功能都是针对 PPLive 注册用户开放的。下面介绍“节目预订”和“定时播放”网络电视节目的具体步骤。

(1)单击频道列表右上侧的“账户”选项卡。输入账户和密码,单击“登录”按钮(如果还没有注册账户,可以单击“还没有账户”链接进行免费注册),如图 6－44 所示。

**图 6－44　登录 PPLive 账户**

(2)登录成功后,选择“工具”|“定时服务”|“节目预订”命令。

(3)在弹出的“定时服务”对话框中,单击“浏览节目”按钮选择需要预订的节目。

(4)单击“确定”按钮返回主窗口。单击频道列表中的“收藏”选项卡,可以看到刚才预订的节目,当到达预订节目时间时,PPLive 会在任务栏右下角显示提醒框。

(5)选择“工具”|“定时服务”|“定时管理”命令还能对

定时服务进行管理,选中已创建的“定时服务”名称,可重新进行修改或删除,也可以按“新建”按钮新建一个“定时服务”项。

## 第六节 浏览图片

随着多媒体技术的发展,数码技术的广泛应用,人们在办公中越来越多地应用到图像素材,如何对图像进行处理、调整及图像捕捉技术已经成为日常办公中不可或缺的一部分。

ACD See 是目前最流行的数字图片处理软件,它能广泛用于图片的获取、管理、浏览和优化。使用 ACD See,可以直接从数码相机和扫描仪中高效获取图片,若再配以内置的音频播放器,用户甚至可以用它播放出精彩的幻灯片。ACD See 还能处理如 mpeg 之类常用的视频文件。此外 ACD See 极其方便的图片编辑工具软件,可以轻松处理数码影像,拥有多项功能,如去除红眼、剪切图像、锐化、浮雕特效、曝光调整、旋转、镜像等,而且可以进行批量处理。

### 一、主界面简介

启动后的应用程序如图 6 – 45 所示。该软件分为五个区域,最上方为菜单及快捷按钮区域,这里可以执行菜单命令或通过按钮执行命令:左侧窗格,偏上的目录显示窗格,显示当前可操作目录;左下的是当前图片的预览窗格;中部的是当前目录的图片预览窗格,用来预览当前的目录中的图片;右侧是分类图片窗格,可以对中部窗格的图片分类,便于图片的管理。

### 二、基本功能

用户可以通过双击图片或按键盘 Enter 键入全屏浏览图片

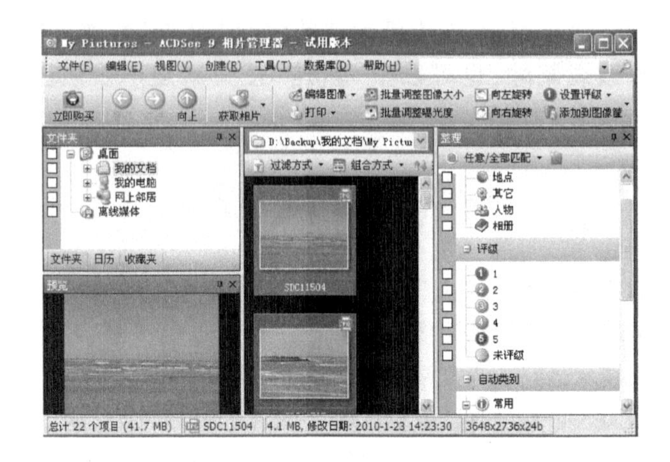


**图 6-45　启动后的应用程序**

模式(图 6-46)。

**图 6-46　全屏浏览图片模式**

其中,上部及左部为常用的一些按钮,中部为图片显示,最上边为菜单栏。

上部工具按钮可以完成功能如下(从左到右)。

· 浏览按钮:可以与初始界面间进行切换。

· 编辑面板:点击后进入图片编辑面板。

· 打开:打开新文件。

· 保存按钮:保存图片。

· 上一张:单击切换到文件夹中的上一张图片。

· 下一张:单击切换到文件夹中的下一张图片。

· 自动播放:自动播放默认目录中的图片。

· 抓手工具:如果图片较大可以拖动看到图片其他部位。

· 选择工具:选择当前图片区域进行编辑。

· 放大镜:通过与放大或缩小配合使用完成图像的放大缩小。

· 向左旋转图片:每次逆时针旋转 90°。

· 向右旋转图片:每次顺时针旋转 90°。

· 旋转 EXIF 方向:旋转 EXIF 方向。

· 放大工具:图片放大。

· 缩小工具:图片缩小。

· 缩放选项:这里可以设置当前显示的图片为实际大小、适合图像大小、适合宽度、适合高度、锁定缩放、缩放到。

· 打印按钮:直接提交打印机打印。

· 设定为画布:将当前图片设置为画布。

· 图像音频:如果当前图片音频文件进行编辑。

· 曝光过度:完成对阀值设置确定曝光过度。

· 曝光不足:完成对阀值设置确定曝光不足。

· 移动到:将图片移动到相应目录。

· 复制到:将图片复制到相应目录。

· 删除图片:删除当前图片。

· 图片属性:设置当前图片属性。

左部工具按钮可以完成功能如下(从上到下)。

· 撤销编辑:对所作编辑进行撤销。

· 重复编辑:恢复已撤销编辑。

· 自动曝光:对所选图片自动曝光。

· 亮度调整:调整图片亮度。

· 色阶调整:调整图片色阶。

· 阴影/高光调整:对所选图片进行阴影或高光调整。

· 色偏调整:调整图片色偏。

· RGB 调整:红、蓝、绿三色调整。

· HSL 调整:色调、饱和度、亮度三通道颜色调整。

· 灰度调整:调整图片灰度。

· 红眼消除:消除红眼。

· 模糊蒙版:模糊蒙版以外区域。

· 消除杂点:消除杂点斑点。

· 调整大小:调整图片大小。

· 裁剪:裁剪图片。

· 旋转:旋转图片。

· 添加文本:为图片添加文本。

· 相片修复:用来源点区域色彩修复待修复区域。

· 效果:对图片进行各种类别的效果处理。

### (一)浏览图片

普通浏览方式。用户只需选中某个图片文件,按键盘上的Enter 键,或者双击某个图片文件,就可以浏览该图片。使用工具栏中的“上一幅”按钮和“下一幅”按钮(或使用键盘的“Page Up”或“Page Down”键)可以分别用来观察前一张图片和后一张图片。在图片型浏览方式下,用户还可以缩放图像。使用工具栏上的"缩放工具"按钮可以分别缩小和放大图像。如果图片过大的话可以使用抓手工具拖动图片,看到图片的其他位置。

幻灯片浏览方式。在图片型浏览窗口的工具栏中有一个"自动播放"按钮(即连续浏览按钮),它是用来连续浏览的。用户只要单击这个按钮(或快捷键 Alt + S),此后的图片将自动连续出现。

### (二)文件管理

和其他图片浏览器或者图像处理工具相比,ACD See 的一大特色就是能够方便地进行文件操作,比如图片的删除、复制、移动、改名都十分方便。如果用户想整理一下自己的图片文件夹,用 ACD See 是十分方便的。

### (三)改变墙纸

在 ACD See 中,用户可以方便地把自己喜欢的图片设为墙纸,从而使桌面更加美丽。图片模式下单击"设定为画布"按钮,或者在图片浏览模式下右击图片文件,在弹出的快捷菜单中选择"设置墙纸"选项,在其扩展菜单中选择墙纸的铺放方式,稍等片刻,桌面就设置了新墙纸。

添加图片说明。为图片文件添加说明是一个很好的习惯,添加了说明的图片文件就像有了照片说明的像册一样,把美好的回忆更加充分地展示在别人的面前。添加说明之后,可以很方便地通过说明查找该图片文件。在 ACD See 中,添加说明非常方便。

具体操作如下:选择要添加说明的图片文件,单击工具栏中的"属性"工具按钮,其中第一行的"标题"文本框用来输入图片文件的名称,第二行"日期/时间"下拉列表用来选择日期,第三行"作者"文本框用来输入作者或者收藏者姓名,下部的"备注"文本框是用来填写说明正文的,"关键字"文本框是用来填写说明中关键字的,"类别"选项确定图片类别。把这些文本框都填好以后,图片文件说明就完成了(图 6 – 47)。

格式转换。ACD See 可以很方便地进行图片文件格式之间的转换。ACD See 支持的图片文件格式非常多,它可以实现这些图片文件格式到几种常用的图片文件格式(BMP、GIF、JPG、TIFF 等)的转换。

**图 6 – 47　图片文件说明**

例如,把一个 JPG 图像文件转换为格式 BMP。用 ACD See 在浏览模式下打开这个 JPG 文件,单击菜单“工具”选项后,选择“转换文件格式”命令或按快捷键 Ctrl + F(也可以右键功能),就会打开对话框,如图 6 – 48、图 6 – 49 所示。

在“格式”选项卡里显示了几种常见的图片文件格式。单击所有要转换的文件格式,选择“BMP”即 BMP 图片文件格式,然后单击“下一步”按钮,在进行文件输出路径、文件名等相关设置后单击“开始转换”按钮,就完成 JPG 文件到 BMP 文件的格式转换。其他的格式转换可以采用类似的操作来实现。

图 6－48　转换文件格式

图 6－49　批量转换文件格式

## 三、图片处理

随着软件版本的提高，ACD See 的功能不断完善，它不仅是一个图像浏览软件,同样也是一款图像处理软件。

### (一)图像大小的改变

日常工作中经常会遇到图片过大或图片过小的情况,用户可以应用 ACD See 的调整大小功能,完成对图片大小调整的操作。首先选中将要处理的图片,然后单击"修改"菜单下的"调整大小"命令(或按快捷键 Ctrl + R),打开批量调整图像大小对话框(图 6 – 50)。用户可以通过百分比形式、以像素为单位的分辨率、打印大小来调整图像的大小。单击"开始调整大小"按钮,完成图像大小的调整。

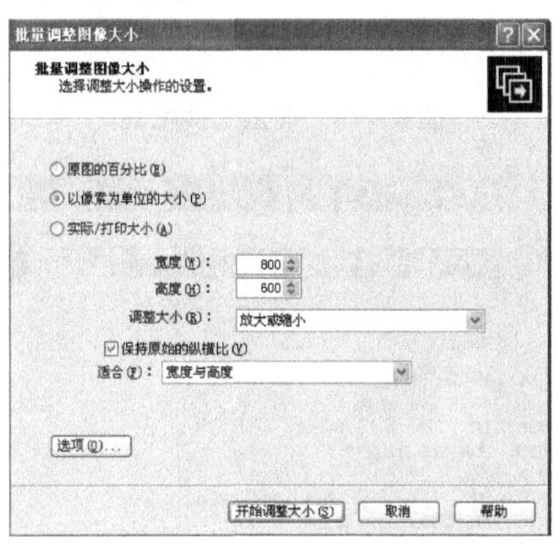


图 6 – 50　改变图像大小

### (二)图像裁切

图像裁切功能可以裁切掉图像中没有用的部分。用户可以通过子全屏浏览模式下,选择裁切工具或在"修改"菜单下选择"裁切"选项,出现如图 6 – 51 所示窗口。用户可以通过拖动方式或者直接设置参数模式设置图像裁切后的大小。

### (三)图像旋转

全屏浏览模式下,通过快捷按钮或者"修改"菜单下"旋转/

翻转”命令(或按组合键 Ctrl + J),打开“批量旋转/翻转图像”对话框。可以设置“顺时针 90°”、“逆时针 90°”、“80°”、“水平翻转”、“垂直翻转”等功能(图 6 - 52)。

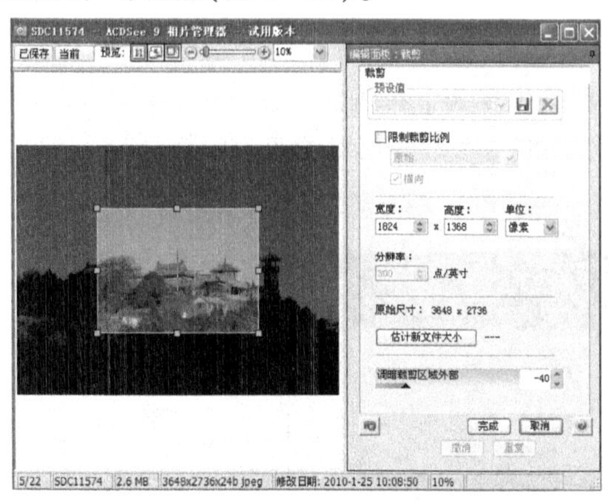


图 6 - 51　裁切图像

图 6 - 52　旋转图像

### (四)图像曝光度调整

应用这个功能,用户可以对图片的明亮度、对比度、色阶等进行调整。使一张存在严重缺陷的图片得以修复。在全屏浏览模式下使用“修改”菜单下的“调整图像曝光度”命令(或组合键Ctrl + L),就会出现如下对话框,用户可以通过调整图像的亮度设计对比度曲线等参数完成对图像的调整(图6-53)。

图6-53 调整曝光度

## 第七节 网上银行

农村里存钱、取钱一般要到城镇,来回不是很方便、也不安全,特别是贷款,要跑银行好几次,才能办好手续,现在听说网上银行交费、转账都很方便,还可以办理网上贷款,简直太好了。

网上银行又称网络银行、在线银行,是指银行利用 Internet 技术,通过 Internet 向客户提供开户、销户、查询、对账、行内转账、跨行转账、信贷、网上证券、投资理财等传统服务项目,使客户可以足不出户就能够安全便捷地管理活期和定期存款、支票、信用卡及个人投资等。可以说，网上银行是在 Internet 上的虚拟银行柜台。

中国农业银行作为一家面向“三农”、城乡联动、融入国际、综合经营的大型商业银行，秉承“大行德广伴您成长”的服务理念，为了满足广大城乡居民的创业需求，从 2010 年开始全面推行农户小额贷款网上审批，凡年满 18 周岁并持有真实有效的中华人民共和国居民身份证（二代）的公民均可申请办理。客户在办理网上贷款业务时需持有由本人身份证办理的中国农业银行卡一张（需开通网上银行），以备网上预存利息和农业银行的放款入账服务。

步骤 1　打开中国农业银行网站，进入个人网银页面（图 6－54）。

图 6－54　个人网银登录页面

打开 IE 浏览器，输入网址 http://www.abchina.com，打开中国农业银行网站，进入个人网银登录页面（图 6－55）。

在个人网银登录页面,可以选择登录或申请。

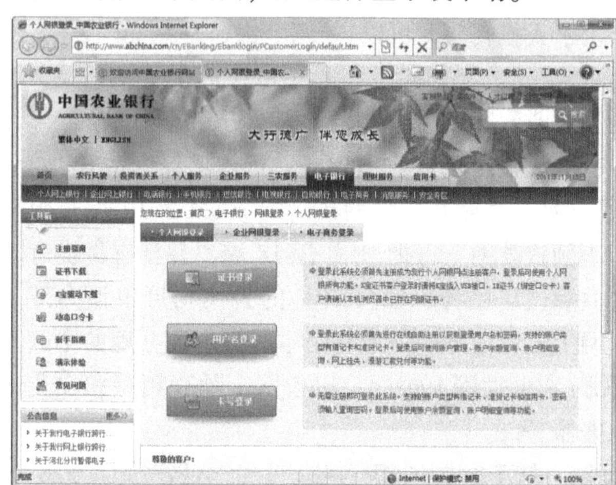


图 6-55　中国农业银行个人网银页面

步骤 2　申请个人网银。

在个人网银页面,单击“新手指南”,可以了解个人网银的申请条件和申办流程(图 6-56)。对照申请办法,可以办理。

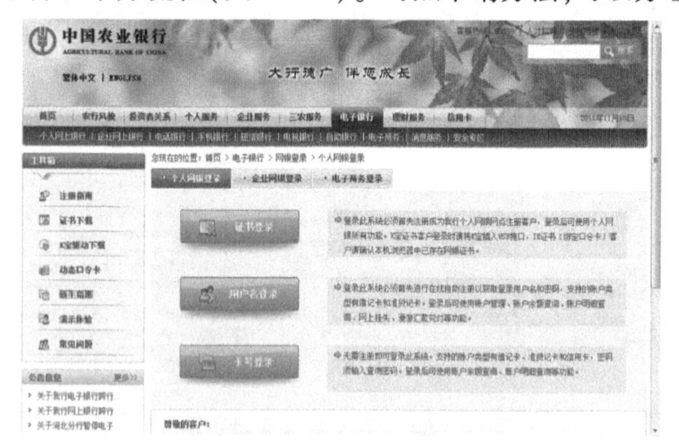


图 6-56　个人网上银行申办条件和申办流程

步骤3　体验网上贷款业务。

向银行申办个人网上银行成功后,按照说明在自己的电脑中安装数字证书,之后进入中国农业银行的个人网银登录页面,从“个人网银证书登录”,进入身份验证。

(1)身份验证,登录成功后,即进入个人网银首页。

(2)进入个人网银首页。

(3)网上个人贷款。

①选择“个人贷款”菜单下的相关操作。②核对提交账户信息。③选择合约号。④填写借款信息,填写借款的用途、时间、金额等信息,输入账户密码并提交。⑤确认提交的信息,确认提交信息,贷款发放成功。

## 第八节　支付宝

### 一、开通支付宝

要完成电子商务,除开通网上银行外,还要根据相关网站的特定要求,开通第三方支付功能,因而必须要有一卡通的支付号码。

支付号码可以登录支付宝网站注册,也可以在淘宝网注册,下面以支付宝网站注册为例。

(1)进入支付宝网站 https://www. alipay. com,点击“免费注册”按钮。

(2)选择注册方式,使用手机号码注册或 E-mail 注册。

(3)选择使用 E-mail 注册流程,填写注册信息。请按照页面中的要求如实填写账户名、密码、安全保护问题、个人信息等,否则会导致支付宝账户无法正常使用。

(4)正确填写了注册信息后,点击“同意以下条款,并确认注册”,支付宝会自动发送一封激活邮件到注册时填写的邮箱中。

(5)登录邮箱,点击邮件中的激活链接。账户激活后才可以使用支付宝的众多功能。

(6)激活成功,支付宝注册成功。

## 二、银行卡与支付宝的对接

首先必须完成“支付宝实名认证”。支付宝实名认证需要核实会员身份信息和银行账户信息。通过支付宝实名认证后,相当于拥有了一张互联网身份证,可以在淘宝网等众多电子商务网站开店出售商品,还可提高支付宝账户拥有者的信用度。现以个人认证介绍申请流程。

(1)打开支付宝首页 https://www.alipay.com,登录支付宝账户(账户类型:个人账户),在“我的支付宝”页面点击“申请认证”。

(2)进入支付宝实名认证的介绍页面,请点“立即申请”。

(3)阅读支付宝实名认证服务协议,点击“我已经阅读并同意接受以上协议”按钮,进入实名认证。

(4)有两种进行实名认证的方式可选,请选择其中一种。如通过“支付宝卡通”来进行实名认证,点“立即申请”,然后按照提示步骤申请开通。

(5)正确填写身份证件号码及真实姓名,以及“您的个人信息”和“您的账户信息”。提交之后核对“个人信息”和“账户信息”无误,再确认提交。

(6)认证申请,等待支付宝公司向您提交的银行卡上打入1元以下的金额,并请在2天后查看银行账户所收到的准确金额,再登录支付宝账户,点“申请认证”后输入收到的金额。

(7)依次按步骤完成“确认汇款金额”,最后出现审核通过,即完成支付宝实名认证。

认证完毕后,即完成了银行卡和支付宝的对接。用户可以通过银行卡向支付宝账户充值,同时也可从支付宝账户转账到银行卡。

## 第九节　网上购物

### 一、网上购物流程

一般购物网站的购物流程大致如下。

用户登录:购买商品直接登录网上商城,新用户单击【免费注册】注册会员名。不论在哪个网站购物,首先都要注册用户名(会员名),填写必需的联系资料。在淘宝网购物还要注册支付宝,在拍拍网要注册财付通。

浏览商品:进入网站,按照网站提供的商品分类浏览商品,选择自己所要购买的商品,也可以直接在商品搜索栏输入商品名称或关键字来查找。

选择商品:进入商品详情页面,所有商品都有规格或备注对应的库存数量对照表,确定好规格和型号后在表中对应的【购买数量】框中输入购买数量。

购买与收藏商品:先将中意的商品放入购物车,待选好所有商品后,再去下订单。如果只购买一件商品,也可以直接去下订单。而看中了又暂时不买的商品可以点击【收藏】,待以后再买。

下订单:选购完毕单击【购物车】、【结算】进入结算程序,确认订单,如只购买一件商品,也可直接在商品页面点击购买,直接去下订单。

填写送货信息:在提交订单前会要求填写详细送货地址、手机号码等,此信息在首次购物时要求填写,保存好后,如果不改变信息就不用再填写。为保证您的汇款得到及时确认,并能及时根据您的订单发货,请务必准确填写相关信息。

提交订单:填写完送货信息后,即可提交订单了。如果显示提交订单成功,表明购物已经成功,商品会在规定的时间内送到你的手上。

进入结算程序,有两件事要做:选择付款方式和邮递方式。

每个购物网站都提供多种付款方式:

(1)使用第三方支付工具。如支付宝、财付通,这是常用的付款方式。

(2)货到付款。有些网站可以货到付款,货到付款就是商品寄到手上再给钱(给现金),钱由邮递员代收。货到付款不但有质量保证,而且方便了那些不能在网上支付的客户。网站是否支持货到付款,在进入结算后,付款方式里就可以看到。

(3)网上银行转账付款。就是从网上银行把钱直接转到卖方账户,对于有信誉的网站可以使用这种方式。

(4)邮寄(汇款)支付。

网上购物提供的邮递方式一般有:普通包裹、快递、EMS 速递,还有其他配送方式,各个网站会有所不同,这里只介绍下面说到的 3 种配送方式。

(1)普通包裹(平邮)。资费可能会便宜些(有的也会更贵),但速度很慢,要 1 个星期以上,只有那些快递无法到达的地方才选择这种方式;

(2)快递。网上购物多数是选择快递送货,费用从 5 ~ 15 元不等,几天时间内就可以送达目的地,如果是省内 1 天就可以到达;

(3)EMS。速递最快,但费用太贵,要几十元,除非是急用,否则不建议选择这种方式。

### 二、注册会员

在任何购物网站购物都需要注册为会员，注册会员的过程与在网上开店注册用户名的过程相同。

### 三、开始网上购物

对于从来没有在网上买过商品的网友来说，总是不知从何下手。在网上购物之前都应该做哪些准备工作呢？

首先要选择信誉较好的网站。如淘宝网、当当网、卓越网等。这些网站经过长期经营，取得了大多数买家的认同，都具有良好的信誉保证。

其次到相关银行柜台去申请开通网上银行，注册支付宝（http://www.alipay.com），财付通（http://www.tenpay.com）等网上支付工具，在选择付款时使用，也可直接通过网上银行支付。

## 第十节　网上销售

一方面农产品难卖、价格低等供过于求的现象表现明显，“菜贱伤农”的消息塞满互联网；另一方面农产品生产又呈现无序性、盲目性和趋同性，别人种啥我种啥，对市场变化不敏感。因此，农产品流通问题已成为当前影响农民收入增长，制约农业与农村经济发展的一个重要因素。随着信息技术的高速发展，农村的互联网应用普及程度越来越高。那农民朋友是否也可以利用互联网将农产品销售出去呢？当然可以！经营网店正在成为农民的一种新型致富手段。比如，农民把自家的特色农产品挂上网销售，不仅解决了农产品的销路问题，也实现了利益最大化。电子商务不仅帮助农民实现经营和消费的无缝衔接，也为留守儿童、疯狂春运等社会问题提供了现实的解决方案。

目前国内有许多农产品信息发布平台,如阿里巴巴、中国农业信息网、惠农网等下面以阿里巴巴、中国农业信息网为例,为大家说明如何发布农产品信息。

## 一、在阿里巴巴开旺铺

### (一)开店准备

第一步:有阿里巴巴账号的,点击“请登录”(图6-57)登录网站;没有阿里巴巴账号的,点击“免费注册”,申请阿里会员。

图6-57　阿里巴巴主页面

第二步:完成企业名称认证、个人实名认证,完成认证可以增加交易对象对你的信任度,也是阿里巴巴在线交易的基础工作。阿里为我们提供了多种不同种类的认证,可根据需要进行选择(图6-58)。

公司名称:张三(个人)

| 认证内容 | 企业名称认证[免费] | 企业身份认证[诚信通] | 企业实地认证[推荐] |
|---|---|---|---|
| 企业名称 | × | × | × |
| 联系人身份 | — | × | × |
| 联系人授权真实性 | — | × | × |
| 工商注册信息 | — | × | × |
| 经营地址及使用权 | — | — | × |
| 营业执照原件审核 | — | — | × |
| 真实经营模式 | — | — | × |
| 企业实景照 | — | — | × |
| 指定证书认证 | — | — | × |
|  | 我要认证 | 我要认证 免费咨询 | 我要认证 |

图6-58　旺铺认证界面

## (二)开通旺铺

第一步:打开我的阿里(图 6 –59),在“我的应用”栏目,点击“旺铺”(图 6 –60)。第二步:点击“公司介绍”,完善公司介绍,有红色‘ * ’的为必填项,建议完整度达到五星(图 6 –61)。

图 6 –59　我的阿里

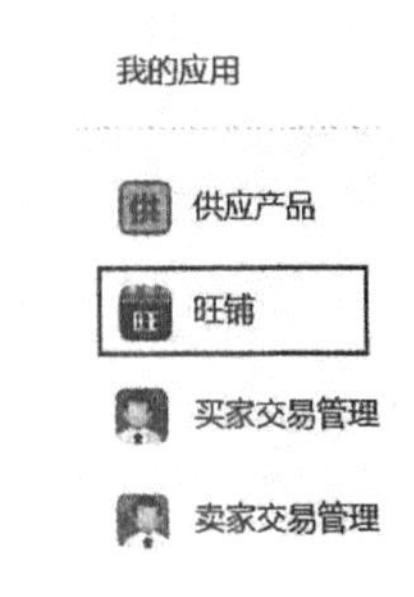


图 6 –60　点击“旺铺”

公司介绍完整度　公司介绍是展示您公司的舞台,把您公司介绍给大家吧!

* 企业类型:　--请选择--

员工人数:　-- 请选择 --

* 经营模式:　生产厂家　经销批发　商业服务　招商代理　其他

修改经营模式可能引起一些信息的丢失,请慎重填写

* 主营行业:　-请选择-　选择/修改

* 主营产品:　冬瓜　大蒜

图 6 –61　完善资料

第三步：填写完毕后，点击“保存并发布”，经过审核，即可发布（图 6－62）。

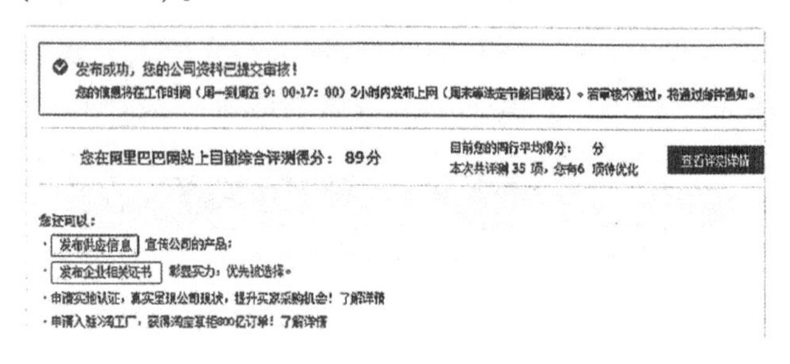


**图 6－62　发布公司介绍成功**

### （三）发布供应信息

第一步：打开我的阿里，点击上方“应用－供应产品”，进入发布页面（图 6－63）。

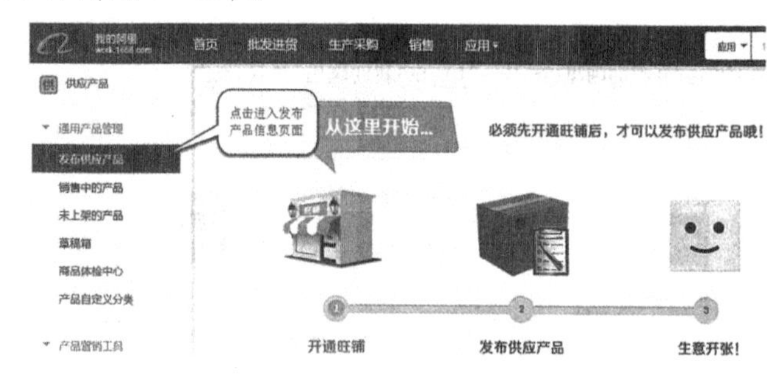


**图 6－63　我的阿里**

第二步：选择产品的类目，建议在搜索框中搜索产品名称确定类目（图 6－64）。

第三步：填写详细的产品属性及详情，带红色‘ * ’的为必选项（图 6－65）。

第四步：填写完成产品详情，点击“同意协议条款，我要发布”（图 6－66）。

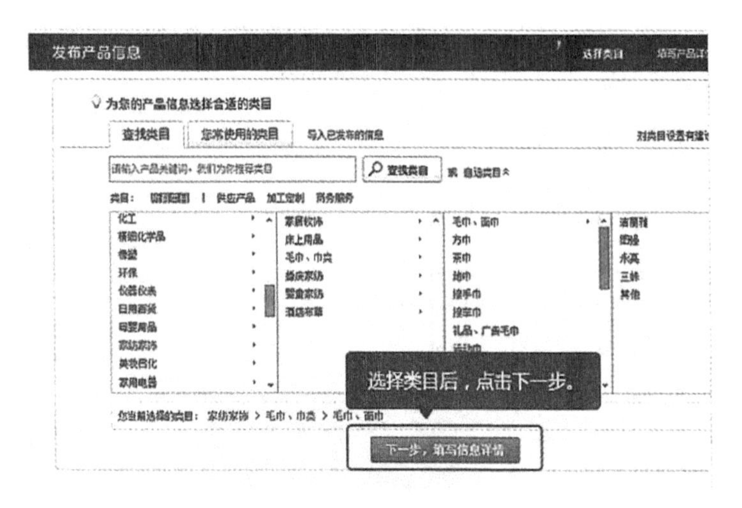


图 6－64　　选择产品类目

图 6－65　填写产品详情

第五步：发布完成后，需 2 个小时的审核，审核通过后发布上线（图 6－67）。

到此，我们的产品信息就发布到互联网上了，赶紧打开看看吧(图 6－68)！

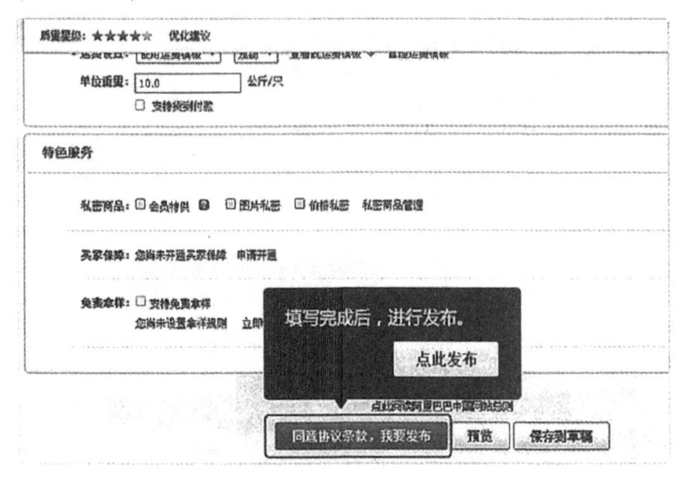


图 6－66　发布

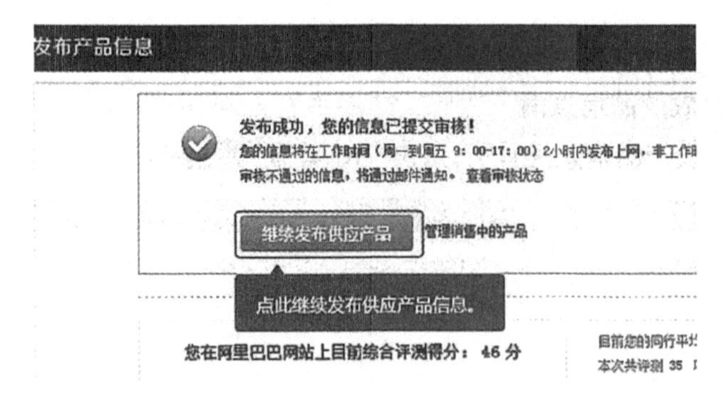


图 6－67　发布成功

**(四)查看订单**

第一步：点击“我的阿里”，可查看交易订单，点击“销售”可查看订单详情(图 6－69、图 6－70)。

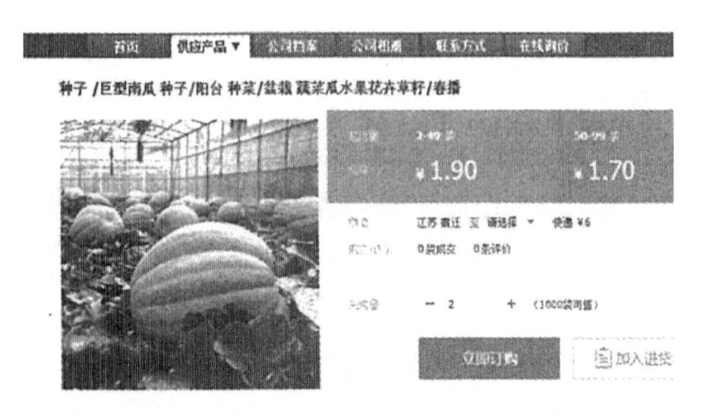


图 6－68　商铺页面

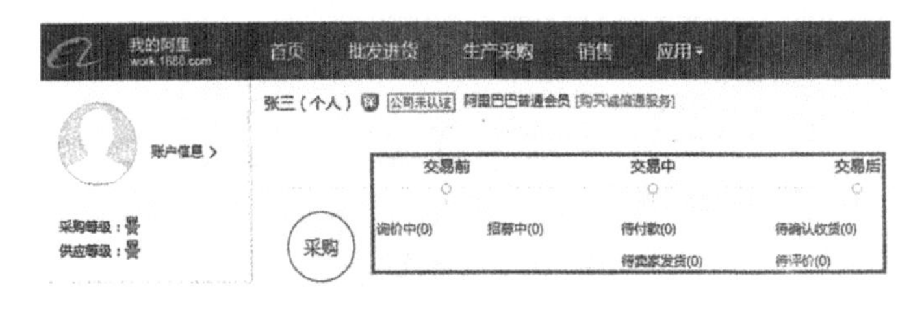


图 6－69　我的阿里

图 6－70　订单详情

## 二、网上发布供应信息

### (一)注册登录农产品信息网

第一步：打开农产品信息网首页，点击“QQ 登录”按钮(图

6－71）。

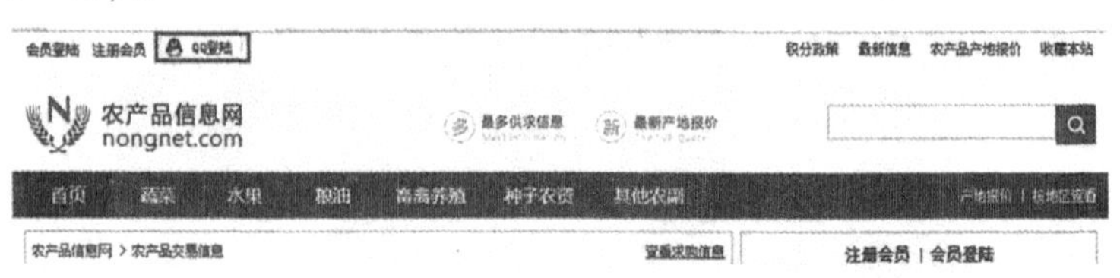


图 6－71　农产品信息网

若是首次登录，需要完善会员资料如图 6－72 所示：

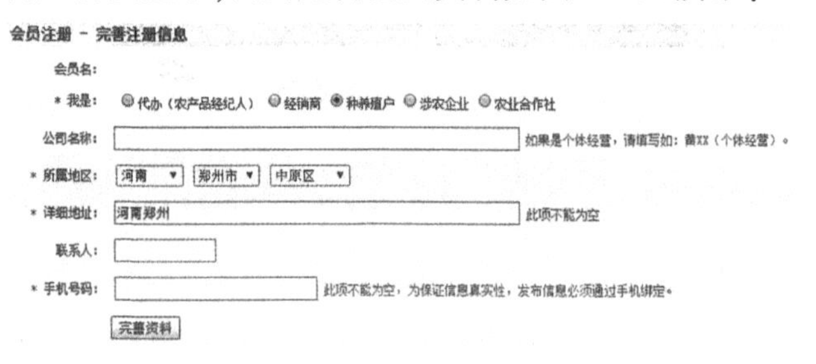


图 6－72　完善注册信息

第二步：如图 6－73 所示点击任意一个“发布信息”按钮，进入信息发布页面。

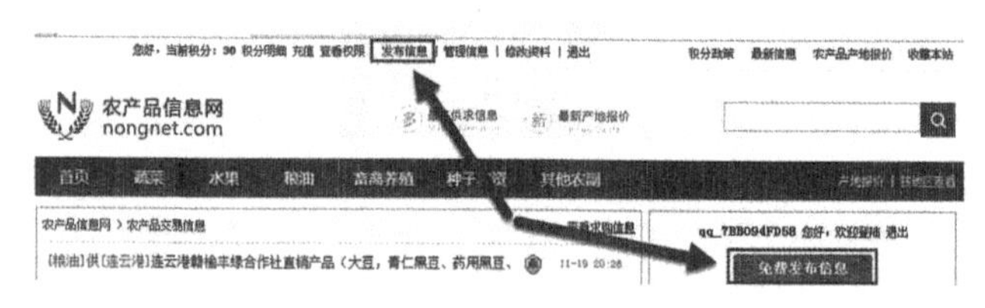


图 6－73　点击“发布信息”

**（二）发布信息**

第一步：在信息发布页面，选择产品分类，如我们点击“红薯”（图 6－74）。

第二步：详细填写产品信息。产品信息尽量做到详细、真

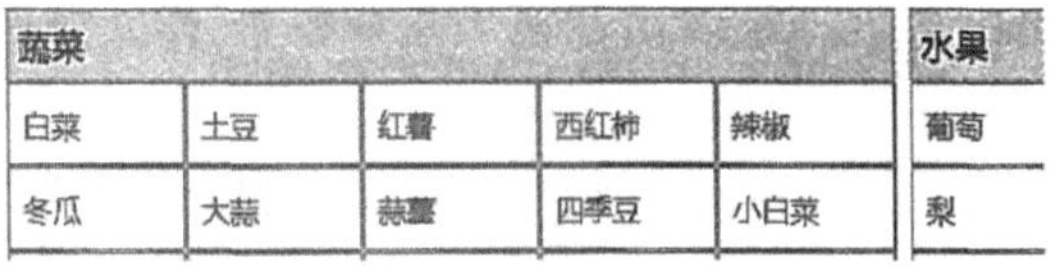

| 蔬菜 | | | | | 水果 |
|---|---|---|---|---|---|
| 白菜 | 土豆 | 红薯 | 西红柿 | 辣椒 | 葡萄 |
| 冬瓜 | 大蒜 | 蒜薹 | 四季豆 | 小白菜 | 梨 |

**图 6－74　选择产品种类**

实、准确，并附上产品图片，填写完毕，点击“立即发布信息”（图 6－75）。

当前选择的产品：蔬菜 > 红薯　[返回重选]

信息主题：供应

信息主题是吸引人的关键，可详加修饰(加上地区等)，不能包含手机和电话

选择品种：　品种可以自行输入也可以选择下面的品种，该信息的品种第一次设定后无法更改。

上市期：6月上旬 至 7月上旬 或 全年供应

发布企业：　联系电话：

手机号码：　联系人：

所属地区：河南 郑州市 中原区　QQ号码：

详细地址：河南郑州　电子邮件：

立即发布信息

**图 6－75　填写产品信息**

第三步：查看发布的信息（图 6－76）。

[供]华山红薯

发布(更新)时间：2015-5-21 10:52　浏览数：33

发布单位：种植专业合作社

联 系 人：朱先生

手机号码：1858146XXXX

联系电话：0832-232XXXX

联系邮箱：314336XXXX@qq.com

联系地址：

联系QQ：314336XXXX

上市时间：5月上旬 - 12月下旬

产品品种：红薯 - 太原红

**图 6－76　发布的信息**

## 三、收集价格信息

我们不但可以在网上销售农产品，还可以通过网络查看农产品的价格信息，来作为我们种什么、种多少、养什么、养多少的参考，以防止“菜贱伤农”的事情再次发生。

### （一）农产品信息网

打开信息网首页，点击首页右上方的“产地报价”，点击上方种类名称，即可看到不同地区对该产品的报价（图6－77）。

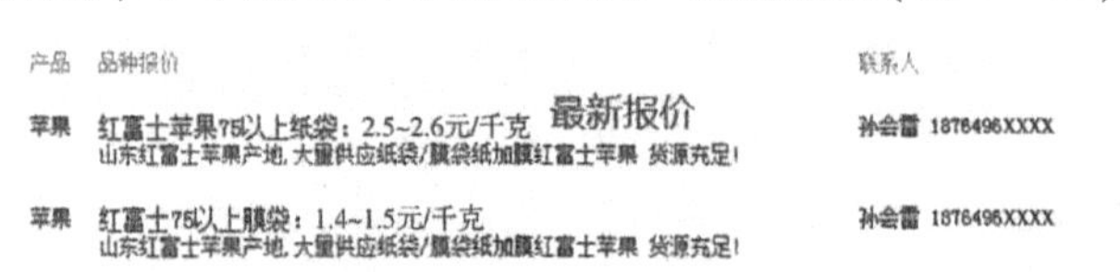


图6－77　产品分产地报价

### （二）全国农产品批发市场价格信息网

打开批发市场价格信息网，首页中部有“市场行情分析”栏目可看到农产品价格信息；或者点击首页上方“价格行情”，打开“价格行情”页面（图6－78、图6－79）。

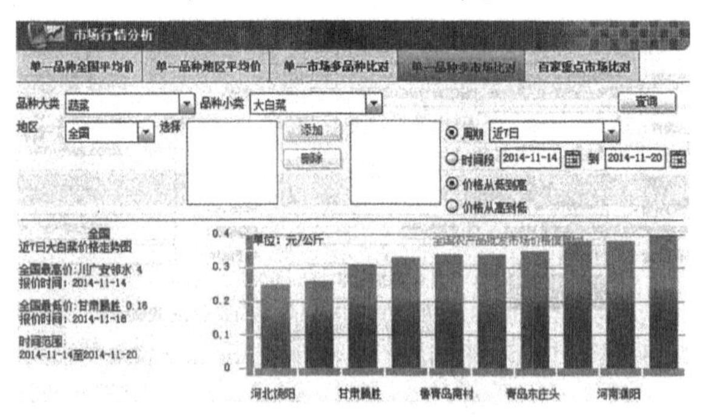


图6－78　市场行情分析

提供农产品价格信息的网站还有很多，在这里就不再一一述说。希望大家多看、多比较，得出一个较为合理的价格。

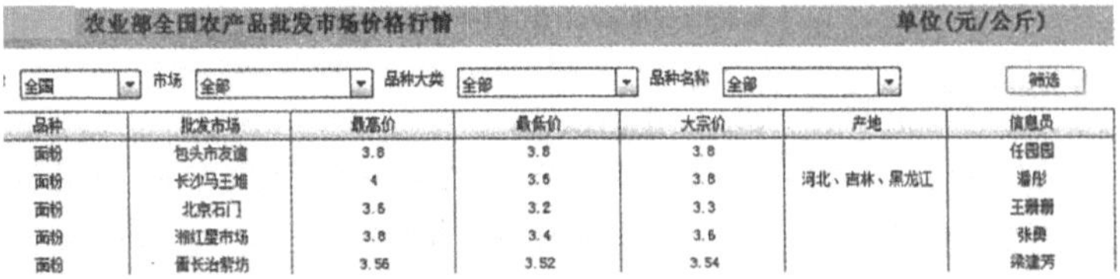

农业部全国农产品批发市场价格行情　　单位（元/公斤）

全国　市场 全部　品种大类 全部　品种名称 全部　筛选

| 品种 | 批发市场 | 最高价 | 最低价 | 大宗价 | 产地 | 信息员 |
|---|---|---|---|---|---|---|
| 面粉 | 包头市友谊 | 3.8 | 3.8 | 3.8 | | 任园园 |
| 面粉 | 长沙马王堆 | 4 | 3.6 | 3.8 | 河北、吉林、黑龙江 | 潘彤 |
| 面粉 | 北京石门 | 3.6 | 3.2 | 3.3 | | 王丽丽 |
| 面粉 | 湘红星市场 | 3.8 | 3.4 | 3.6 | | 张费 |
| 面粉 | 晋长治紫坊 | 3.56 | 3.52 | 3.54 | | 梁建芳 |

**图 6－79　价格行情表**

## 四、成功的案例

### （一）江帆的网上“甜蜜事业”

江帆是广州增城市的一名大学生村官。江帆的梦想是当个好村官，服务农村；村民的梦想是农产品畅销，卖个好价钱。江帆意识到，帮助农民兄弟增收致富，是他所能做的最有意义的事。

江帆所在的五星村位于增城市的东面，地理环境和气候条件适合发展蜜蜂养殖，所产蜂蜜质优而价廉。然而，五星村闭塞落后，有些地方连通信网络都未曾覆盖。由于蜂蜜的销售渠道狭窄单一、缺乏宣传、包装不够精美，销量一直不高。

2014 年，果树开花量大增，使得蜂蜜产量创历史新高，但滞销的蜂蜜或被村民廉价批卖，或送给亲朋好友。江帆反复思考，想到了一个点子——借助网络平台拓宽蜂农销售渠道。这个想法赢得了村干部的赞赏和支持。于是，他便利用 QQ 空间、QQ 群、增城娱乐网、淘宝网以及各大网站论坛等平台，把拍摄到的五星村养蜂环境、采蜜过程等放到网络上，对五星村蜂蜜进行广泛宣传，发布销售信息。

果然，网络的力量一下子被引爆了，本地、外地的客户蜂拥而至，更多的顾客直接在网上购买，五星村蜂蜜的知名度一下子提高了。两年中，江帆通过网络帮售的蜂蜜达 1 500千克，总价值约人民币3万元,帮助的蜂农也由一家上升到数十家,而且还辐射带动了周边的村庄,卖蜂蜜成了他的“甜蜜事业”。

**(二)网上销售活牛羊**

1997年,大学毕业的孟宏伟被分配到山东泰安公路局工程处工作。2001年,一起车祸导致孟宏伟高位截瘫。虽然再也无法像以前一样自由行走,但孟宏伟决定要给今后的人生找一条出路。他写过小说,学过画漫画,但都没有成功。而就在此时,在中国农村刚刚露头的网络让他看到了希望。2006年,孟宏伟东凑西借了2万多元,买了10台电脑,也没办营业执照,就在家里开起了“黑网吧”,一天能有个一二百元的收入,村里孩子老来上网,影响了学业,“黑网吧”被乡亲们举报了,网吧创业就此告终。

网吧被关后,孟宏伟依然“游荡”在网上寻求商机。在研究电子商务过程中,他发现利用当地优势资源为客户搭建一个信息平台,可能会有“抓得住的商机”。经过调研,他了解到济宁周边县市牛羊资源丰富,但养殖方式都是一家一户散养;在嘉祥县黄垓乡还有一个零散的牲畜交易市场,销售也仅限于周边地区。当时网络销售牛羊基本是空白,孟宏伟就想跟养殖户搞合作,在网上销售牛羊。

孟宏伟拖着截瘫的身躯去找嘉祥县黄垓乡的养殖户,一家家地跑,可是没人相信活牛羊也能在网上销售。很多养殖户甚至怀疑:“一个连路都走不了的人,还卖什么牛羊?瞎闹!”“只听说在集市上卖牛羊,还没听说在网上卖牛羊的!”但经过不懈努力,终于有养殖户答应尝试。有了货源,孟宏伟的“网上活牛羊专卖店”就开张了。

7年,销售额从零到两亿!

一张床、一台电脑、一个鼠标、一个摄像头、三四个手机,这就是孟宏伟在网上卖牛羊的全部装备。“我收集了很多农业和养殖类的行业网站,将信息一个个发布上去。”孟宏伟说,“那个时候网络还不被人信任,网上很多人也以为我是骗子。”

苦等3个月,2006年年底一位河南客户看到了孟宏伟发布的信息打来电话,并买了300只羊,孟宏伟也赚到了1 500元,这是他新生后的第一桶金。到2007年年底,孟宏伟卖了1 200只羊和690头牛,获纯利12 000元。到2008年,他销售牛羊已经达到5万多头,年销售额一亿多元。

孟宏伟没有止步。2008年,他做了自己独立的大地牧业网站,并投资几大搜索引擎竞价排名,确保自己的网站能在首页被搜到,还在阿里巴巴企业版中建立了独立商铺。孟宏伟的团队中,负责网站运营的全是残障人士。

为防止货源不足,孟宏伟和别人合伙投资建了养殖场。但是,网络客户越来越多,再加上牛羊养殖需要一定的周期,光靠自己的养殖场和附近零散养殖户的牛羊已经远远不够。于是,在2009年孟宏伟将养殖场扩建为嘉祥县牛羊养殖专业合作社,并建立了牛羊交易场。“只要是没病没灾的活牛羊,无论谁家的都可以进场交易。”在合作社专门为客商挑选牛羊的潘若龙说。

作为邹城市大束镇东山头村的一个农民,孟宏伟只在电视上见过迪拜的帆船酒店,他从没想过有一天,这里的牛羊也可能漂洋过海到迪拜。2014年,迪拜的客商通过网站上找到孟宏伟。在沟通过程中,迪拜客户初步向孟宏伟购买3 000只小尾寒羊、500多头奶牛,价值1 000多万元。就在迪拜和孟宏伟安排运输线路时,了解到由于小尾寒羊属于国家保护品种,不让出口,最后生意没有做成。不过孟宏伟看到了更大的希望:连外国人都来找我买牛羊了,更加坚定了他在网上卖牛羊这条道走到黑的决心。

目前,孟宏伟带动的黄垓乡牛羊买卖,一年销售量可达20

万头，交易额就有2个多亿，而从事养殖、运输牛羊的人已经上万，在网上做牛羊买卖的也越来越多。

## 五、失败的教训

李勇明是来自四川省凉山彝族自治州金阳县的一名大学生。毕业后，由于找工作四处碰壁，他萌生了在淘宝创业的想法。“金阳县产魔芋和羊肉，山里的村民经常挑着进城来卖，为何不在网上卖这两件特产呢?”李勇明说干就干，2013年12月，他的淘宝小店开张了，专卖金阳县的魔芋干和羊肉干。“魔芋和羊肉不方便邮寄，也不方便保存，所以还是卖魔芋干和羊肉干可行。”

小李告诉记者，他家并不富裕，好不容易才东拼西凑拿出2万多元，却发现创业之路的艰辛才刚刚开头。“农民为了省事，直接卖魔芋和羊肉，制成干货的不多，拿到县城市场上卖的更少。”李勇明告诉记者，为了寻找货源，他开始进山挨家挨户收货，这样做也能降低成本，收到的货比市场上买到的稍微便宜一些。“但是山路崎岖，别说村级公路，就是县级公路都很烂，靠步行挨家挨户收货，人力、资金上就有很大的压力。”李勇明说，除了交通情况，价格问题也让他头疼不已。“农民自己加工的魔芋干在成本、包装、口感上都比不过食品工厂工业化生产的魔芋干片，而且我们这儿交通太不方便，物流成本太高，价格上跟其他工业化生产的干货没法比，销路一直不好。我也想过转型做其他农产品，但是拿不出资金，银行贷款也没申请下来，本金亏完了，只好关店了事。”李勇明告诉记者，他现在在成都一家灯具城做销售，希望能在学到更多的销售知识后，重新开网店，卖灯具。

来自淘宝网的数据显示，目前农民网商主要聚集地在东部沿海地区，而部分中西部省份的农村电子商务发展则滞后不少。

伏绍宏告诉记者,西南地区的电子商务受到诸多因素制约,其中之一便是物流成本居高不下。“西南地区多山地、丘陵,加上交通基础设施建设相对滞后,在一些山区,物流成本很高,这就需要电商们一方面多挖掘本地消费市场,尽量减少物流成本,一方面多打打山区的‘绿色’牌,在销路上多挖掘优势。”

## 第十一节　网上旅游

随着农民物质生活的富裕,农民外出和旅游已经不是什么新鲜事了。但对于农民来说,路途遥远和不熟悉道路交通状况又限制了农民出行。而互联网打破了时间、空间的阻隔,给我们的出行带来了许多便利。

### 一、查天气

很多网站都有天气预报栏目,如登录中央气象台网站 www.nmc.gov.cn。选择旅游目的地,可以查询未来三天天气预报详情。登录省级、地市级气象台网站,旅游景点或各大门户网站,也可以查询各城市和旅游景点的天气情况。

### 二、查地图

网上地图主要分布在一些专业的测绘网站与地图出版网站、旅游网站、政府网站和部分商业性网站上。还可以用搜索引擎搜索网上地图,只要输入与地图、地名有关的关键词即可,可搜索到包括政区地图(中国地图、世界地图)、旅游地图、交通地图和各种专题地图等。

我们以 Sogou 搜狗地图为例,如图 6－80 所示。

#### (一)进入目的地

搜狗地图默认的是整个中国地图。要从全国地图一步进入到某个城市的地图,可以点击地图上的城市快速入口按钮(一个黄色小按钮),还可以在搜索框下方更改“查询范围”,也可在搜索框中直接输入城市名(如“北京”),即可进入城市地图。

图 6-80　Sogou 地图首页

## (二)定位搜索

进入城市后,为进一步定位,可在地图左上方的输入框中输入要找的地点,点击回车键即可搜索。

查看搜索结果:搜索结果列在搜索框下方的区域内,通过翻页可以查看所有结果。当前页面列出的 10 条结果均用图标在地图上定位。

查看某个搜索结果的详细信息:点击左侧结果标题或点击地图上的定位图标即打开该点的详细信息框。通过信息框内的各功能可实现对该点的后续操作,如到这里、从这里出发、在附近查找等。

### 三、查交通线路

不论公交还是自驾,搜狗地图都能提供符合用户需求的出行策略。

如查询公交线路,地图会根据用户的要求提供多种换乘方案。搜狗地图提供公交线站查询,即查找公交线路、公交车站,可以查一条线路的首发车时间、末班车时间,以及计费、沿线所有站点等信息。点击搜狗公交,输入始发站和终点站搜索,系统将会给出 10 多条路线方案,如北京西站→天坛。每一方案均给出了线路长度、上下车站、换乘方式等。

如果选择自驾,在网页上输入起点和终点,搜狗地图就会给出一个线路方案。自驾功能支持全国任意两个位置之间的行车路线计算,并提供国道、高速公路等路线供用户自由选择。

### 四、查景点

在搜索引擎中输入北京旅游或直接输入景点名称,如在 www. baidu. com 搜索栏输入"故宫",就可以在"故宫百度百科"中搜索到故宫的详细介绍。

也可通过搜索引擎,直接链接故宫博物院网站 www. dpm. org. cn,对故宫做进一步详尽了解,还可以通过本地旅行社网站获取相关景点信息。

## 第十二节　网上就医

网络不仅为我们提供衣食住行信息,还提供医药信息,为寻医问诊提供了许多便利。

## 一、药品查询

通过搜索引擎查询医药网站信息，如 39 健康网 ypk.39.net。网站提供按拼音、厂商、类别及直接输入药品名称关键词等方式查询药品，通过网站查询，可以了解药品的商品名、参考价、生产厂商、产品规格、功效主治、用法用量、不良反应以及详细说明书等。

## 二、网上挂号

网络还提供网上挂号服务，现以健康之路医护网 www.yihu.com 为例。该网已经开通福建、浙江、广东、陕西等省各大医院，福建省已开通福州、南平、三明、漳州、泉州、莆田等六个地区，福州市区有 17 家省市医院加入该网，提供网上预约挂号服务。网上就诊具体操作步骤如下。

(1)购买会员卡：各大医院均可直接购买，也可通过网络购买。只要您的银行储蓄卡有开通“网上银行”，或是拥有“支付宝账户”或“快钱账户”，即可在网上支付所要购买的卡。支付后网站上会呈现您所购买的会员卡号及密码，还可通过网络进行充值，方便快捷。

(2)登录网站：登录 www.yihu.com，根据挂号所在区域，输入会员卡用户名和密码登录系统。

(3)选择医院、科室、医生：患者可根据医生信息、出诊时间、自己的时间安排，选定最适合自己的医院、科室、医生，点击“挂号”打开该医生的“医生诊室”。

(4)填写“网上挂号”预约信息：在医生诊室点击“登录”，打开“网上挂号”页面，按照要求填写好各项信息并确认无误后点击“提交”，完成本次网上挂号的操作。

(5)预约成功：挂号预约成功并确认后，医护网将会在一个工作日内与您联系，以确认您的网上挂号预约是否成功。

(6)去医院就诊：就诊人带上网上挂号申请时所填写的证件，到医院导诊台或门诊大楼服务台说明您是网上挂号即可。详细内容请参考医护网 www. yihu. com。

## 三、保健咨询

众多医药类网站提供保健知识，如 39 健康网网站分门别类，知识齐全（图 6－81）。网站依据疾病提供自诊、急救、体检知识，保健方面提供减肥、美容、饮食、心理、健身等知识，还可直接输入关键词进行搜索查询。

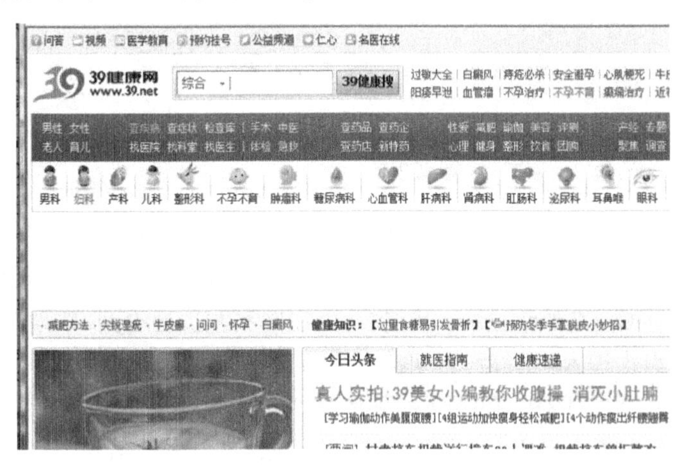


图 6－81　健康网

如果对医药网站分类不太熟悉，也可以直接通过搜索引擎查询。如通过 www. baidu. com 查询“腰椎间盘突出怎么办”，再打开相关链接就可以详尽地了解“腰椎间盘突出”的原因、症状、治疗方法、注意事项等。

## 第十三节　网上求职

找工作除了去招聘会,通过职介之外,还可以在网上找工作。一个好的招聘网站可以帮助用户快速地找到合适的工作,从而节省找工作的时间。目前,有很多的网上招聘网站,比如,中华英才网(http://www.chinahr.com/index,htm),51job 前程无忧网(http://www.51job.com/),智联招聘网(http://www.zhaopin.com/),528 招聘网(http://www.528.com.cn/)等综合人才网站,还有许多地方人才网站以及行业人才网站。

## 第十四节　网上购买火车票

### 一、网上买票,就到 12306

首先输入中国铁路客户服务中心网址 www.12306.cn 进入网页,在网页中间"最新动态"下面,有一个红字标注的"根证书"字样,需要点击并下载安装;再在网页左边会看到"购票"一栏,点击进入网页后,就可查询剩余车票情况。如果想网上订票,必须先注册。在网页右上方,有"注册""登录"两个链接,首次登录的用户需填写真实姓名、身份证号码、手机信息等,注册成功后需将用户名通过邮箱激活,然后重新登录才可进行网上订票业务。提醒:点击"购票"链接后,网页有时会出现空白情况,刷新或重新打开网页即可。图 6－82 是网购火车票的详细方法/步骤。

#### (一)打开 12306,12306 是网购火车票唯一官网

订票时要用网上银行,为保障顺畅购票,就要先下载安装"根证书",点击"根证书"下载安装即可(图 6－83)。

下载得到证书压缩文件，解压缩得到证书安装文件，双击“srca. cer”安装证书。

图6－82　打开12306官网

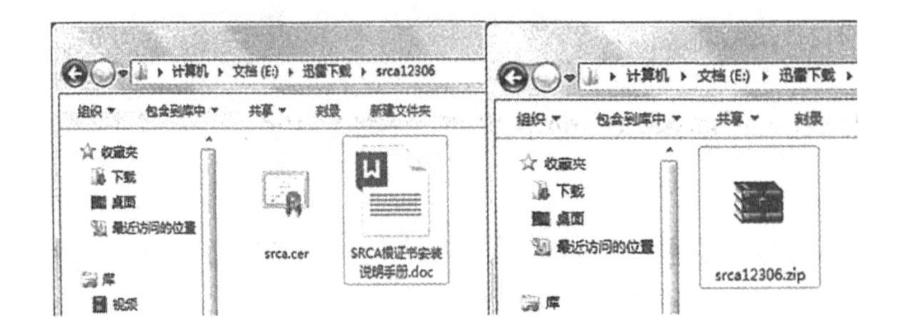


图6－83　证书安装文件

## (二)登录

如果已有已激活的12306账号，则可凭“用户名”“密码”“验证码”直接登录网站。未注册用户，则点击网页左侧“网上购票用户注册”菜单，弹出注册页面后，填写自己的信息。填写完成后点击“同意协议并注册”按钮提交,如图6-84所示。

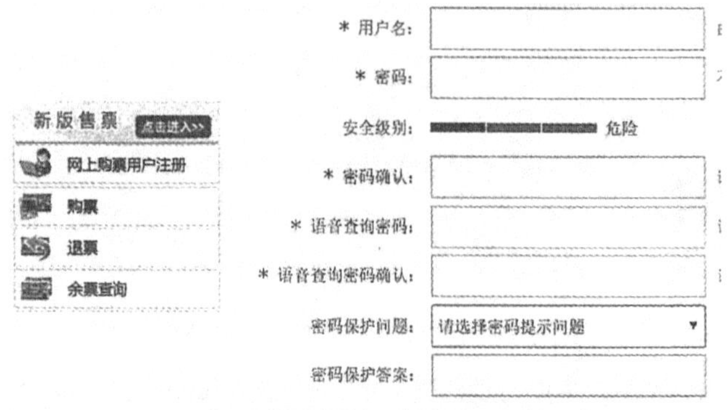


**图6-84　注册窗口**

根据系统流程注册账号并激活。完成注册后,即可登录和预订车票(图6-85)。

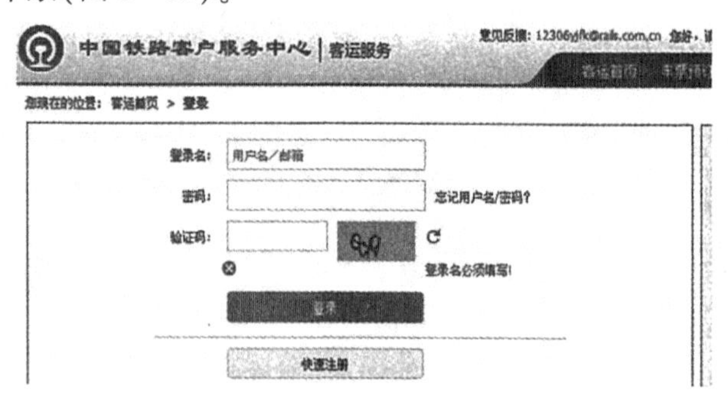


**图6-85　登录窗口**

**(三)添加常用联系人**

点击“账号名称”进入我的12306,常用信息栏“常用联系人”内可以添加常用联系人(图6-86)。在购票时,可直接选取购票人,方便购票,加快购票速度。请将你的朋友添加为常用联系人(乘车人),准确输入其姓名、有效身份证件、号码,网站提示其身份信息核验状态为“已通过”“预通过”“请报验”的，即可购票。

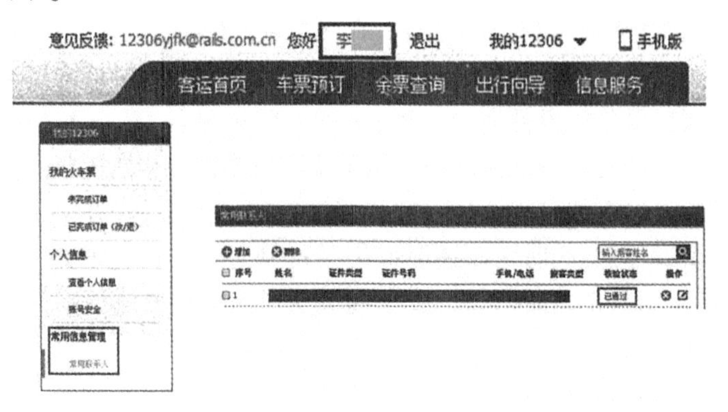


**图 6－86　添加常用联系人**

注意：“未通过”和“待核验”注册用户和常用联系人（乘车人）不可购票。

为了进一步完善铁路实名制购票工作，自 2014 年 3 月 1 日起，中国铁路客户服务中心网站 http://www. 12306. cn 将对互联网注册用户和常用联系人（乘车人）进行身份信息核验。

注册用户可在“我的 1006”中“查看个人信息”“常用联系人”中分别查看注册用户、常用联系人（乘车人）的身份信息核验状态（以下简称状态）。

状态种类及含义：

◆【已通过】指注册用户、常用联系人（乘车人）的身份信息已经通过核验，其中姓名、证件类型和证件号码三项身份信息不可修改。

◆【待核验】指注册用户、常用联系人（乘车人）的身份信息未经核验，需持二代居民身份证原件到车站售票窗口或铁路客票代售点办理核验。遇有姓名超长、生僻字、繁体字等情形的，仅可在车站售票窗口办理，注册用户还要提供手机号后 4 位或注册邮箱前3位,常用联系人(乘车人)还要提供注册用户注册时填写的身份证件号码。

◆【未通过】指注册用户、常用联系人(乘车人)的身份信息经过核验但未通过,需修改本网站所填写的身份信息内容与二代居民身份证原件完全一致,保存后状态显示“待核验”时,需持二代居民身份证原件到车站售票窗口或铁路客票代售点办理核验。遇有姓名超长、生僻字、繁体字等情形的,仅可在车站售票窗口办理,注册用户还要提供手机号后4位或注册邮箱前3位,常用联系人(乘车人)还要提供注册用户注册时填写的身份证件号码。

**(四)车票查询**

账号登录后,点击页面右上方的“车票预订”后会出现“车票查询”项(图6-87)。

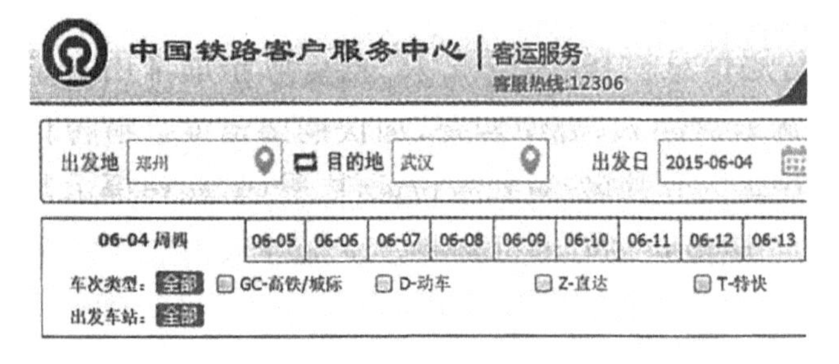


**图6-87　车票查询**

在红框区域选择购票类型:出发地、目的地、出发日期,车票类型(学生票,普通票,学生票仅限学生持学生证原件购买)就可以找到所有符合条件的车次了,如图6-88所示。选择满足自己要求的车次(发车时间、座位),点击【预订】,弹出乘客信息窗口。

郑州 --> 武汉（6月5日　周五）共计46个车次

| 车次 | 出发站<br>到达站 | 出发时间<br>到达时间 | 历时 | 硬卧 | 软座 | 硬座 | 无座 | 其他 | 备注 |
|---|---|---|---|---|---|---|---|---|---|
| G425 | 郑州东<br>武汉 | 07:48<br>10:10 | 02:22<br>当日到达 | -- | -- | -- | -- | -- | 预订 |
| G93 | 郑州<br>武汉 | 07:52<br>09:55 | 02:03<br>当日到达 | -- | -- | -- | -- | -- | 预订 |
| G541 | 郑州东<br>武汉 | 08:25<br>10:33 | 02:08<br>当日到达 | -- | -- | -- | -- | -- | 预订 |

**图 6－88　符合条件车次**

## （五）填写乘客信息

填写乘客信息务必真实、准确。填写好联系人信息之后“提交订单”，如图 6－89 所示。买票前先把联系人信息全部填好，添加到“常用联系人”，直接选取购票人，可以加快买票的速度。

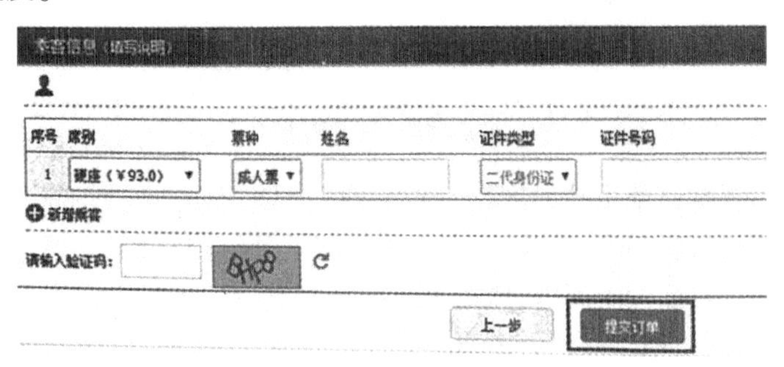


**图 6－89　填写乘客信息**

在 12306 网站注册、购票时，请认真核对姓名、身份证号码等有关身份信息。如发现乘车人身份信息错误，只能在 12306.cn 网站退票，并按规定收取退票费。

【小提示】在 12306 网站可以购买学生票，如果是学生，请在“个人资料”中修改并完善你的学生信息。如果代他人（学生）代购，请你先把要买的学生信息加入到你的“常用联系人”中。购买学生票需学生的身份证信息。在火车站购票窗口取票时,需出示学生证原件。学生票只在每年的寒假、暑假期间(6月1日至9月30日,12月1日至翌年3月31日)可以购买。

### (六)核对信息,提交订单

点击“提交订单”系统弹出核对窗口,如图6－90所示。信息核对无误则“确认”提交订单。若信息填写错误,则“返回修改”。

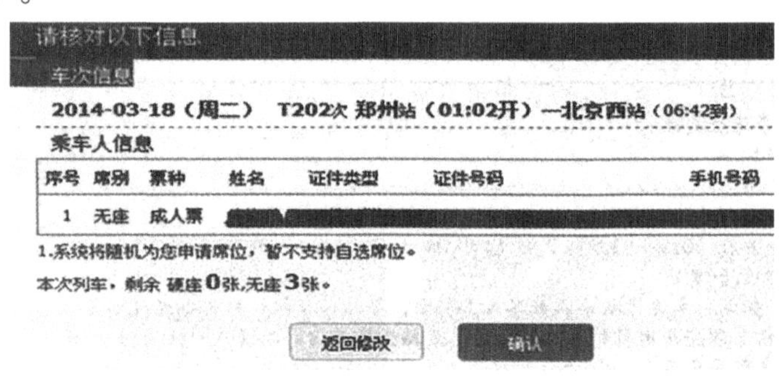


图6－90　核对信息

提交订单成功,显示“订单信息”窗口,点击“网上支付”跳到支付页面(图6－91)。在12306网站预定到车票后,请务必在页面提示的时间内,使用12306网站支持的支付方式支付票款,否则将取消预定的车票。

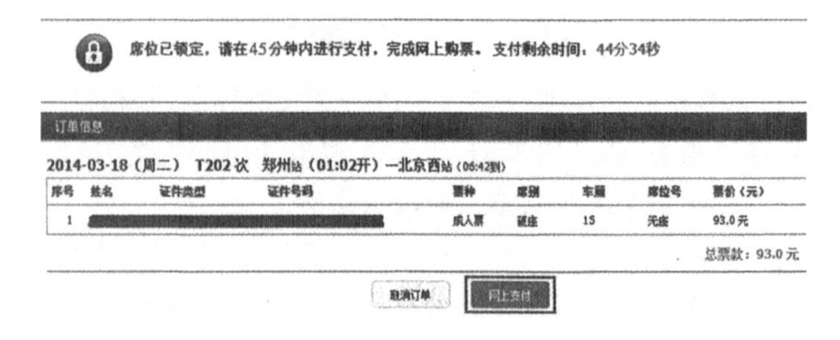


图6－91　网上支付

### (七)网上支付

支付前,认真核对“应付金额”。选择已经开通好的网上银行(图6－92),如果是已经签约的卡,选“中国银联”。点击你开通网上支付的银行,界面跳转至网上银行支付窗口(图6－93)。填写网上银行支付类型、账号、验证码,按照银行网上支付流程支付火车票费用。

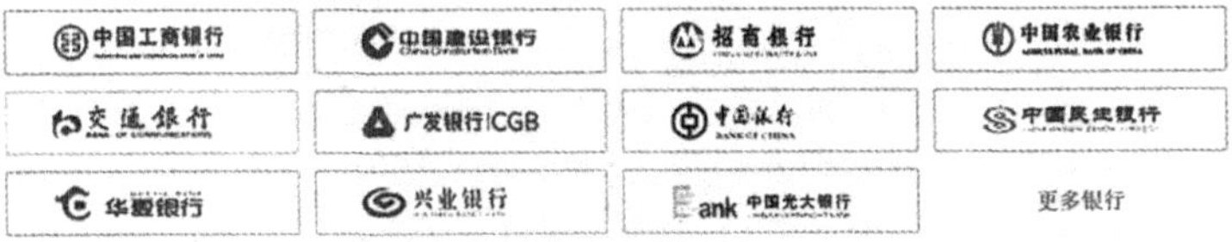

中国工商银行　中国建设银行　招商银行　中国农业银行
交通银行　广发银行CGB　中国银行　中国民生银行
华夏银行　兴业银行　中国光大银行　更多银行

图6－92　选择支付方式

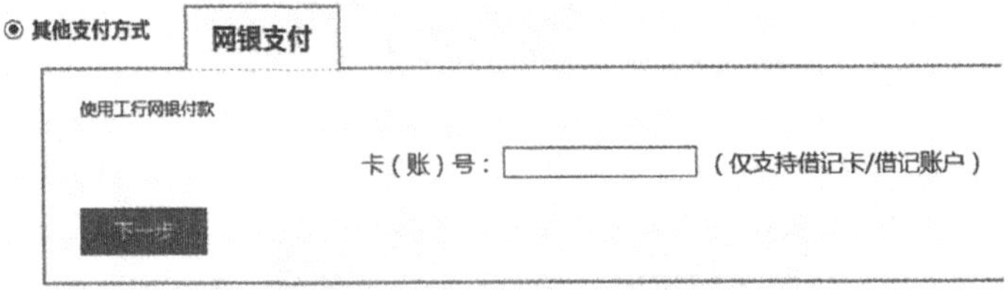

其他支付方式　网银支付

使用工行网银付款

卡(账)号:　(仅支持借记卡/借记账户)

下一步

尊敬的　先生:

您好!

您于2015年03月27日在中国铁路客户服务中心网站(www.12306.cn)成功购买了1张车票,票款共计12.50元,订单号码E972314337。所购车票信息如下。

，2015年03月28日06:51开,郑州－开封,K16次列车,15车065号,硬座,票价12.50元。

为了确保列车运行秩序和旅客人身安全,车站将在开车时间之前提前停止检票,请合理安排出行时间,提前到乘车站办理安检、验证并到指定场所 候车,以免耽误乘车。

图6－93　网银支付

恭喜你,订票成功,一定要把订单号记下来,另外要及时去取票。

### (八)换取纸质车票

网络订票可通过车站自动售票机或铁路客票代售点换取纸质车票(图 6－94)。注意:只能使用二代居民身份证原件(图 6－95)换取。车站自动售票机则是目前最方便快捷的取票方式。

图 6－94　换取纸质车票

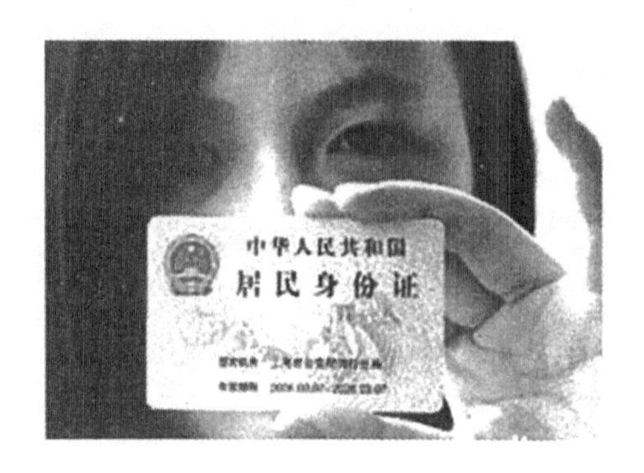


图 6－95　二代身份证

纸质车票必须保管好以防丢失,特别是拥挤时期。购买车票列车的始发站、经停站、终到站(包含同城车站)以及所在地的代售点均可办理互联网售票换票业务。

【方法一】车站自动换票机。

将身份证直接放在火车站取票机的身份证感应区，机器即会自动识别身份证信息，然后在屏幕上显示你在 12306 订购的过车票信息，点击“出票”即可。这是目前比较常用的一种网上购票的取票方式，它的优点是快捷方便、易操作。建议使用这种方法取票。打印车票后，注意取走你的居民身份证(图 6 – 96)。

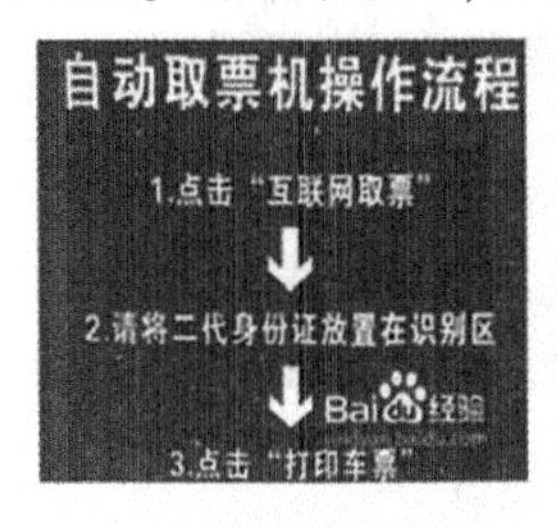

**图 6 – 96　换取纸质车票流程**

【方法二】车站售票窗口/铁路客票代售点。

有的车站，没有设置自动换票机。这个时候，就去火车站专门的互联网换票窗口取票。代售点也可以换票，收取 5 元钱手续费。春运期间，排队换票的人也多，建议提早买票、早换票(图 6 – 97)。

【小提示】春运期间，建议提前半小时登入网站，进行网上购票。

**图 6－97　换票成功**

## 二、手机购买火车票

12306 火车票网上购票想必大家都很熟悉了，网络的兴起给人们购买火车票带来了极大的方便。但是肯定也会遇到这样的问题：人不在电脑旁，无法使用网络来购买火车票，由此而错过了火车票最佳的购买时期，与你心仪的火车票失之交臂！

怎样解决这个问题呢？随着手机智能平台的高速发展，其实现在完全可以使用手机买到这难求的一票！

### （一）安装“铁路 12306”手机购票客户端

想要在手机上购买火车票，首先需要准备好支付工具（网银或支付宝）。手机上购买火车票不像电脑上通过 12306 网站购买即可，而手机很难直接登录 12306 网站，因为 12306 还没有推出手机网页版，所以在手机端打开电脑版的 12306 是非常慢的，更何况要刷票呢，抢的就是时间跟网速，因此需要安装一些购票软件来完成。

在电脑或者手机上用手机助手进入应用商店后，搜索“12306”即可找到我们需要安装的这款“铁路12306”应用，或者直接扫描www.12306.cn主页上的二维码即可下载IOS，Android系统对应的铁路12306应用客户端（图6－98）。下载完毕，点击APP安装包安装该应用。

**图6－98　12306手机客户端**

### （二）登录“铁路12306”应用

打开“铁路12306”应用，首先我们不忙着搜索“车票”，我们先把www.12306.cn的账号登录上，不然即使你找到票也可能会因为输入账号而流失的（图6－99）。

### （三）查询、预定车票

如果是过年，购票类型选择“往返”，不然回家了赶不上上班时间也挺揪心的。单程仅仅是购买去往目的地的车票。

选择我们的“出发点”和“目的地”（右边箭头点击进入选择）、出发时间等信息，记得添加乘客，然后点击“查询”（如果是学生就选择“学生”）（图6－100）。

进入查询结果，这里可以看到当天所有的车辆，找到适合自己的时间和车型直接点击即可进入“确认订单”页面。在该页面可选择“车票类型”软卧、硬卧、硬座、无座；添加乘客。最后，输入验证码点击“提交订单”，到此火车票就预定成功啦！

### （四）支付

订购成功之后系统提示必须在规定时间内完成支付，确认

图 6－99　12306 手机应用界面

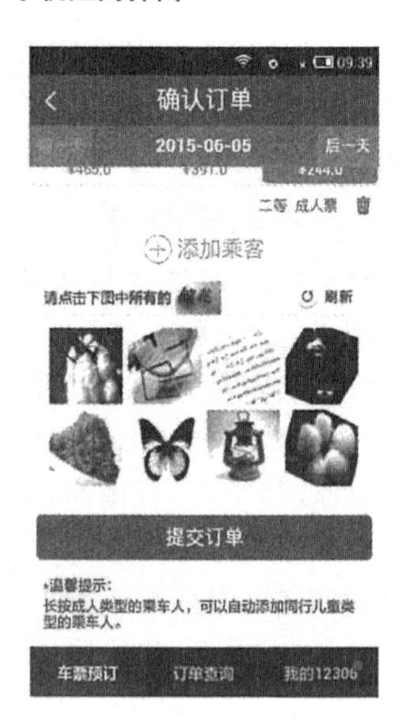


图 6－100　查询、预定车票

订购的火车票信息无误后，点击底部的“立即支付”前往支付页面即可(图6－101)。支持网银和支付宝支付,大家选择适合自己的支付工具即可,支付完成后,就买到了火车票。关于支付这里就不详细介绍了,按照提示操作即可。

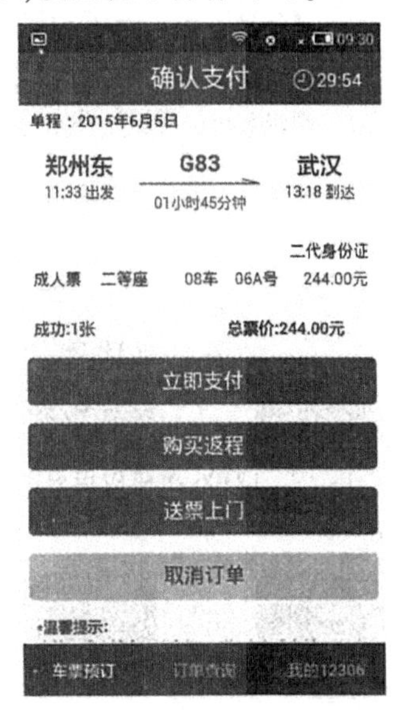


图6－101　手机支付

(五)换取纸质车票

换取纸质车票,在本章任务一中有详细介绍,这里就不再重复。

【小提示】手机上购买火车票也同样要用到12306网的账号,所以最好提前在电脑上注册好账号,并且添加好你的身份证号码和姓名(实名制)、电话等信息,要知道抢票就是抢时间,不要因为一点小插曲就错过了。

# 第七章　在线聊天、发送电子邮件

## 第一节　网上聊天

腾讯 QQ(以下简称 QQ)是深圳市腾讯计算机系统有限公司开发的一款基于 Internet 的免费即时通信软件。支持在线聊天、视频电话、点对点断点续传文件、共享文件、网络硬盘、自定义面板、QQ 邮箱、QQ 游戏等多种功能。虽然 QQ 本身的功能很强大,但实际上很多功能对于一般用户来讲并不常用。接下来先介绍软件申请注册以及登录,然后再介绍添加/删除好友、在线聊天、文件传送以及共享文件等功能。

### 一、申请注册 QQ 号

QQ 软件下载、安装后,还不能立即应用,必须先申请一个 QQ 号。如果用户还没有 QQ 号,运行 QQ 界面,单击如图 7－1 所示的"QQ 用户登录"界面中的"申请号码"按钮,打开如图 7－2 所示的"申请 QQ 号码"网页。

图 7－1　"QQ 用户登录"界面

通过网页申请普通免费 QQ 号。

(1)双击桌面上的“腾讯 QQ”图标,启动“QQ 用户登录”界面。

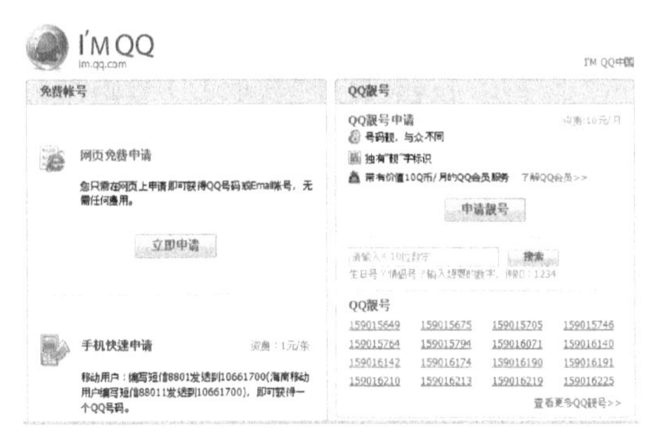


图 7－2　“申请 QQ 号码”网页

(2)单击“QQ 号码”右侧的“申请号码”按钮,打开“申请 QQ 号码”网页。

(3)单击其中的“网页免费申请”超链接,打开如图 7－3 所示的“填写基本信息”网页。

图 7－3　填写基本信息

(4)在表单的“昵称”“生日”“性别”“密码”及“输入密码”文本框中分别输入对应内容后,向下滚动网页继续添加其他内容。

(5)根据上一网页中添加的对应问题的答案正确填写,填写完毕,单击“下一步”按钮,打开“获取 QQ 号码”网页,提示用户已经申请成功(图 7-4)。值得注意的是,该网页中显示了用户的 QQ 号码,一定要记住,否则的话只能重新申请 QQ 号了。

图 7-4　申请成功

(6)如果要申请保护,可单击“立即获取保护”按钮。

(7)如果要使用 QQ 提供的 1GB 的免费邮箱,单击“立即激活”按钮。

(8)如果要领取 QQ 提供的免费 QQ 秀,单击“免费领取 QQ 秀”按钮。

## 二、登录 QQ

双击桌面上的“腾讯 QQ”图标,即可启动“QQ 用户登录”界面。在“QQ 号码”及“QQ 密码”文本框中输入 QQ 号码及对应密码,然后单击“登录”按钮即可登录 QQ(图 7－5)。

**图 7－5　“QQ 用户登录”界面**

例如,在“QQ 号码”文本框中输入刚申请的 QQ 号 835＊＊＊＊＊＊,在“QQ 密码”文本框中输入对应的密码,单击“登录”按钮。

首次登录时,为了保障用户的信息安全,会弹出“请选择上网环境”对话框。如果用户是在自己家中使用 QQ,可选择默认的“普通模式”单选按钮,单击“确定”按钮,进入 QQ。

登录 QQ 后在系统托盘中会显示一个小企鹅图标。用户将 QQ 窗口最小化后,可以通过双击系统托盘中的小企鹅图标还原 QQ 窗口。除此之外,用户还可以通过单击系统托盘中的小企鹅图标更改用户当前状态(上线、离开、隐身或离线)及个人设置。

## 三、添加/删除好友

新申请的号码,首次登录 QQ 时,好友列为空。要和其他人联系,必须先添加好友。单击右下角的“查找”按钮 查找,打开“QQ 查找/添加好友”对话框(图 7－6)。

“QQ 查找/添加好友”对话框中为用户提供了 3 种查找好友的方式:“看谁在线上”“精确查找”和“QQ 交友中心搜索”。

(1)看谁在线上:单击“查找”按钮,将会显示出所有在线用户。

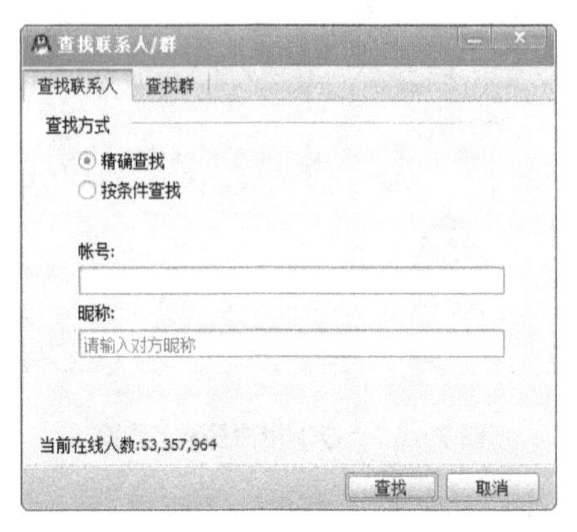


**图7-6 “QQ查找/添加好友”对话框**

(2)精确查找:要求用户知道对方的QQ号码或电子邮件地址账号。

(3)QQ交友中心搜索:可根据用户自己的要求,选择符合条件的聊天对象。

每个用户所拥有的QQ号码及电子邮件地址账号都是唯一的,就像公民的身份证号一样。但是,昵称却不唯一,同一个昵称可能会被多个用户使用,就像人的名字一样,重名的几率很高。如果用户只知道对方的昵称,那查找起来就有些费力了,需要从列出的所有用户列表中选择查找自己想要添加的好友。而如果知道了对方的QQ号码或电子邮件地址账号,那么查找后列表中只会显示一个用户(图7-7)。

登录新申请的QQ号835******,并添加已知QQ号码为479329372的好友。

(1)双击桌面上的“腾讯QQ”快捷图标,打开“QQ用户登录”界面。

(2)在“QQ 号码”文本框中输入 835＊＊＊＊＊＊＊＊＊,并在“QQ 密码”文本框中输入对应的密码,单击“登录”按钮。

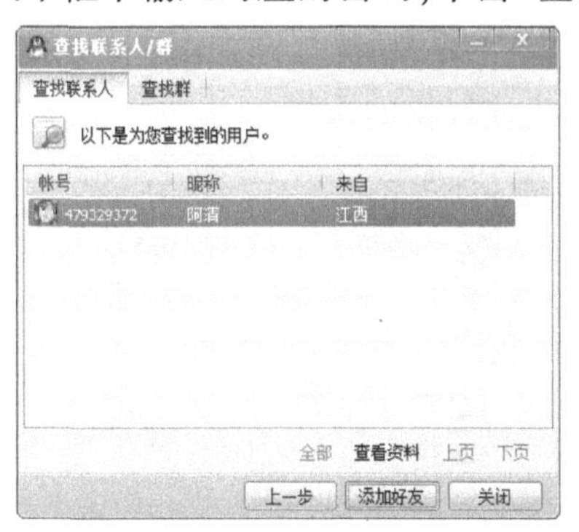


图 7－7　查找到的唯一好友

(3)单击 QQ 窗口右下角中的“查找”按钮,打开“QQ 查找/添加好友”对话框。

(4)在“精确条件”选项组的“对方账号”文本框中输入对方的 QQ 号码 479329372,单击“查找”按钮。

(5)选择列表框中查找到的唯一用户,单击“加为好友”按钮。

(6)稍等片刻,弹出如图 7－8 所示的“QQ 查找/添加好友”

图 7－8　输入验证信息

对话框,在“请输入验证信息”列表框中输入验证信息“你好”,单击“确定”按钮。

(7)当对方接受请求后,打开如图7－9所示的对话框,单击“确定”按钮,完成好友的添加。

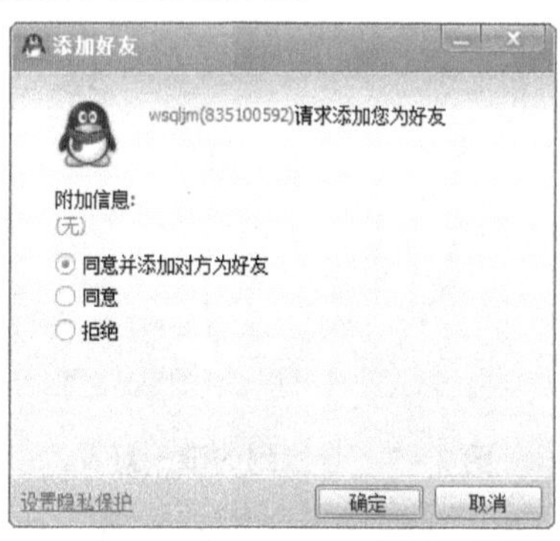


**图7－9　通过请求**

添加好友时一定要谨慎,万一添加的好友中不慎出现了喜欢发送一些广告或色情信息的用户,用户可以将这类好友删除。若要删除某位好友,可右击该好友的头像,从弹出的快捷菜单中选择“删除好友”命令,弹出“删除好友”对话框,询问用户是否要删除好友,单击“确定”按钮即可。

删除好友后,有可能会再次被查找到。为了避免该类用户再次发送广告给自己,用户可以将这类用户屏蔽掉,操作方法为:在要屏蔽的头像上右击,从弹出的快捷菜单中选择“将好友移动到”|“黑名单”命令即可。

## 四、发送即时消息

聊天软件中所谓的消息包括文字、符号、表情图标和图像。打开聊天窗口,如果要发送文字信息,应先调出输入法,确定光标位于文字输入区域,输入文字信息,单击“发送”按钮(或按

Ctrl + Enter 组合键)，即可向好友发送即时消息。如果用户认为通过单击“发送”按钮或按组合键发送信息不太方便，想将其更改为按 Enter 键实现信息发送，可单击“发送”按钮右侧的下拉箭头按钮，从弹出的列表中选择“按 Enter 键发送信息”选项。

若要使用表情图标，单击聊天窗口中部工具栏内的“选择表情”图标，从打开的面板中选择所需的表情图标(图 7 - 10)，发送即可。

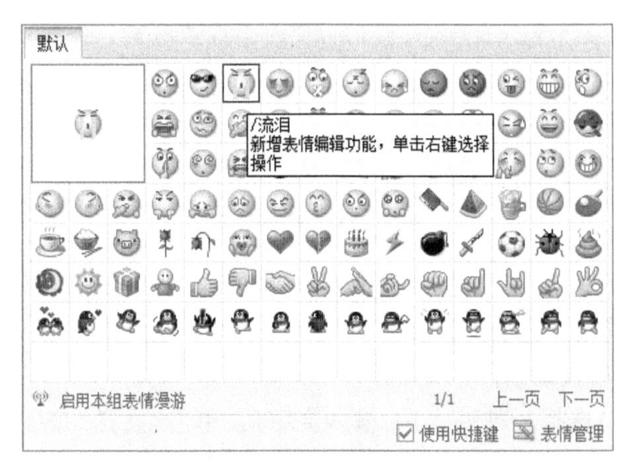


**图 7 - 10　表情图标面板**

如果非常喜欢好友发送的图像，可以将好友发送的图像收藏起来。收藏好友发送图像的方法为：右击图像并从弹出的快捷菜单中选择“保存到 QQ 表情”命令，即可将图像添加至“选择表情”面板中；若选择“另存为”命令，即可将图像保存到本地硬盘。

与网友聊天。

(1)在 QQ 好友列表中，双击好友的头像，或者右击头像，从弹出的快捷菜单中选择“收发信息”命令可打开聊天窗口。

(2)若收到好友发来的信息，双击系统托盘中闪烁的头像，也可打开聊天窗口(图 7－11)。

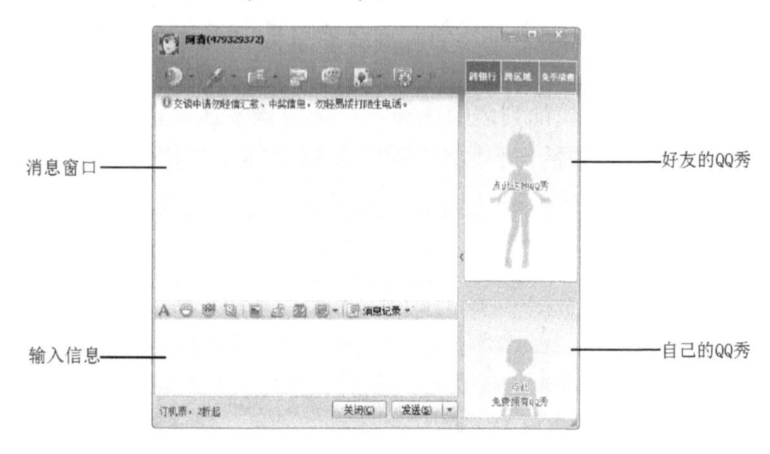


**图 7－11　聊天窗口**

(3)QQ 的聊天窗口分为上、下两部分,上半部分显示聊天记录,包括双方的对话、动作、系统消息等;下边的窗口用于输入自己的聊天话语。

(4)选择一种输入法,输入文字后,单击“发送”按钮,当信息成功显示到上边的窗口中时,表明信息已经发送成功了。此外,也可以按下 Ctrl + Enter 组合键发送信息。

(5)单击“设置字体颜色和格式”按钮,打开其工具栏,将字体设置为“楷体 GB_2312”,字号设置为 10,颜色设置为棕色。

(6)打开“选择表情”面板,从中选择任意表情,如“难过”☹。

(7)完成后,单击“发送”按钮右侧的下拉箭头按钮,从中选择“按 Enter 键发送信息”选项,按 Enter 键即可发送信息。

## 五、语音视频聊天

现在的通信软件中都带有语音视频功能,如果用户想要通过语音视频功能进行聊天,可单击聊天窗口左上角的“视频”按钮,也可单击“语音”,进行语音聊天。

与好友进行视频/语音聊天。

(1)单击聊天窗口左上角的“视频”按钮,从弹出的菜单中选择“超级视频”选项,然后等待好友接受视频请求。

(2)好友单击“接受”按钮后,即可进行视频,此时并不能进行语聊,必须选择“语音”复选框后才能进行语聊。

(3)若要结束语聊,直接单击“结束”按钮即可。如果直接关闭聊天窗口则会弹出“正在进行视频聊天”提示对话框,提示用户如果关掉窗口,将会中止正在进行的视频聊天,并询问用户是否要关掉窗口,单击“是”按钮,结束视频聊天。

(4)如果只想要进行语聊,不想视频的话,可以单击聊天窗口左上角的“语音”按钮,然后等待好友接受请求。

(5)好友单击“接受”按钮后,即可进行语音聊天(图 7-12)。

图 7-12 语音聊天窗口

## 六、给对方播放音乐或影音文件

进入视频聊天状态后，本地用户可以给好友播放音乐或影音文件，与好友分享自己的好歌与精彩影片。

要给好友播放音乐或影音文件，应先执行“超级视频”操作与好友建立视频聊天的环境。建立视频聊天环境后，单击窗口左侧的按钮的向下按钮（图 7－13），从展开的菜单中选择“给对方播放影音文件”命令，从打开的对话框中选择要播放的影音文件或音乐文件后单击“打开”按钮，即可给对方播放音乐或影音文件。

**图 7－13　给对方播放音乐或影音文件**

启用给好友播放音乐或影音文件功能后，对应的命令会变为“终止影音文件播放”或“停止播放音乐”命令。用户可应用终止命令，结束音乐或影音文件的播放。

给对方播放音乐或影音文件时，在聊天窗口右侧会显示播放工具栏，允许发起人随意更改音乐播放的进程（图 7－14）。

图 7－14　控制播放文件

## 七、传送文件

QQ 还允许好友之间互传文件，因为文件传送采用点对点的方式，即从一台计算机直接到另外一台计算机，不用经过中间服务器转存，因此必须在同时在线的两个用户之间进行。QQ 的文件还支持断点续传功能，一次没有传送完成的文件，下次可以接着传送。

利用传输文件功能可以跟好友传递任何格式的文件，例如图片、文档、歌曲等。只要好友在线上，单击相应的好友头像，执行“传送文件”命令即可。

传送文件示例。

(1)启动 QQ，选择要传送文件的好友，并双击其头像。

(2)在打开的聊天窗口中单击“传送文件”按钮。

(3)在“打开”对话框中选择需传送的文件，单击“打开”

按钮。

(4)聊天窗口中会显示请求信息,并等待对方接收(图 7-15)。

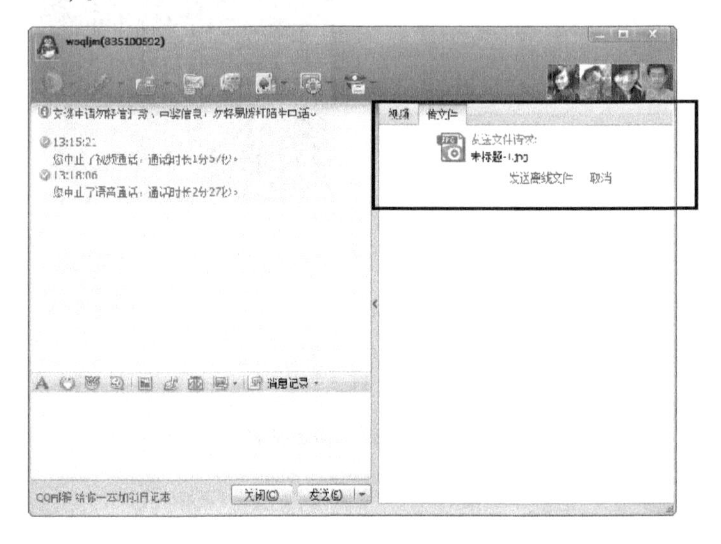


**图 7-15 等待对方接收**

(5)如果对方同意接收后,聊天窗口中对方头像下会出现一个进度条,并同时显示已发送数、剩余数以及传送速度。

(6)完成传送后,在消息窗口中会显示文件已经发送完毕的提示(图 7-16)。

(7)同样,好友一方首先会收到文件传送请求,如果同意接收文件即单击聊天窗口中的“接收”按钮,文件接收完毕后,QQ 可以自动打开文件所在的目录。

默认保存文件的路径是“\QQ\QQ 号码\MyRecyFiles”,该路径可以更改。右击系统托盘中的小企鹅图标,从弹出菜单中选择“设置”|“系统设置”|“好友和聊天”|“文件传输”选项(图 7-17),单击选项组中的“更改目录”按钮,打开“浏览文件夹”

对话框,选择新的文件夹后,单击“确定”按钮,回到“QQ 设置”对话框,单击“确定”按钮。

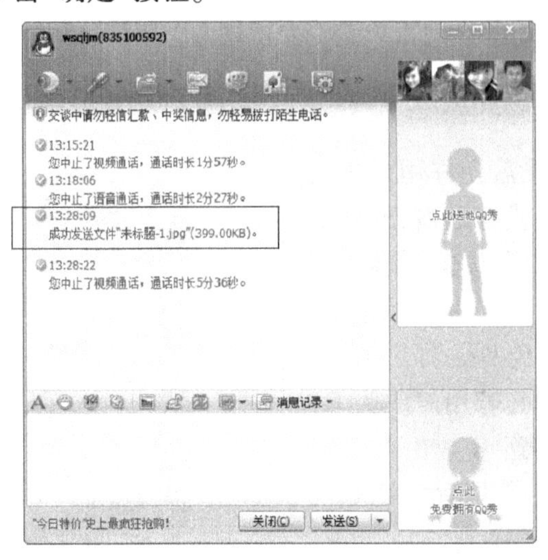


图 7－16　文件发送完毕

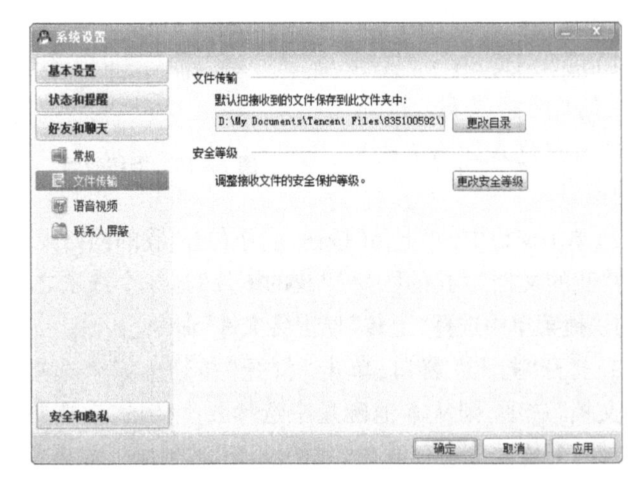


图 7－17　传输文件相关设置

传送文件时，接收方如果不在线或是处于隐身状态，则会弹出“对方不在线”提示对话框，提示对方用户可能无法收到发送文件的请求，并询问用户是否要使用 QQ 邮箱来发送文件。

## 八、网络硬盘

网络硬盘允许用户上传文件、图片或者歌曲，并将这些文件设置为共享，提供给好友浏览、下载，或者在线播放。QQ 为用户免费提供了 16 MB 的存储空间，若用户成为 QQ 会员则获赠 64 MB 网络硬盘，续费 3 个月后才能获得 128 MB 网络硬盘。

图 7－18　网络硬盘

向网络硬盘“我的图像”中上传图片，并将其共享。

(1)启动 QQ，单击左侧功能栏的“网络硬盘”按钮，稍等片刻进入如图 7－18 所示的窗口。

(2)单击窗口中的“上传”按钮，或是右击“我的网络硬盘”列表框中“我的文档”“我的图片”“我的图片”这 3 个选项之一，从弹出的快捷菜单中选择“上传”|“上传文件”命令。

(3)打开“打开”窗口，单击“打开”按钮。如果选择的是“我的文档”选项，则从本地磁盘中选择要上传的文件，如果选择是文件，上传后自动存放在“我的文档”选项中。如果使用的是“上传”按钮，则文件自动存放在“我的网络硬盘”根目录下。

(4)将上传的文件存放在合适的目录下。例如，如果当前上传的是图像,保存在“我的文档”选项中有些不太合适,选择上传的图像,将其拖动至“我的图片”选项中。

(5)右击“我的网络硬盘”下的“我的图片”选项,从弹出快捷菜单中选择“属性”命令,打开“属性”对话框。

(6)切换至“共享”选项卡,选择“共享该文件夹”复选框。

(7)从左边的好友列表中选择好友名称,单击“添加”按钮,好友名称就会出现在右边的“已选择的共享好友”列表中;按住 Ctrl 键依次单击好友名称,可以同时添加多个共享好友;单击“全部添加”按钮则允许所有的好友来浏览并下载您的共享文件。

(8)完成设置后,单击“确定”按钮,返回到 QQ 网络硬盘窗口。

## 第二节　发送电子邮件

收发电子邮件是 Internet 提供的最普通、最常用的服务之一。通过 Internet 可以和网上的任何人交换电子邮件。

### 一、建立信箱的方法

不同的服务器建信箱的方法略有不同。

例如,利用 http 协议访问网易主页,在域名为 www.163.com 服务器上建立信箱。操作步骤如下:

(1)启动 IE,在地址框中键入 http://www.163.com 进入网易的主页(图 7－19)。

(2)如果是已登记的用户,可输入账号和手机号,单击“登录”链接……查看自己的信箱。新用户单击“注册网易免费邮箱”链接点,出现如图 7－20 的画面。

(3)输入手机号码,单击免费获取验证码,然后输入验证码,设置密码,输入并确认密码。其中,有 * 号的选项必须输入,否则该网站拒绝用户在此输入邮箱。所有的项目完成之后,可以单击

“立即注册”按钮，向网站提交申请(图 7－21、图 7－22)。

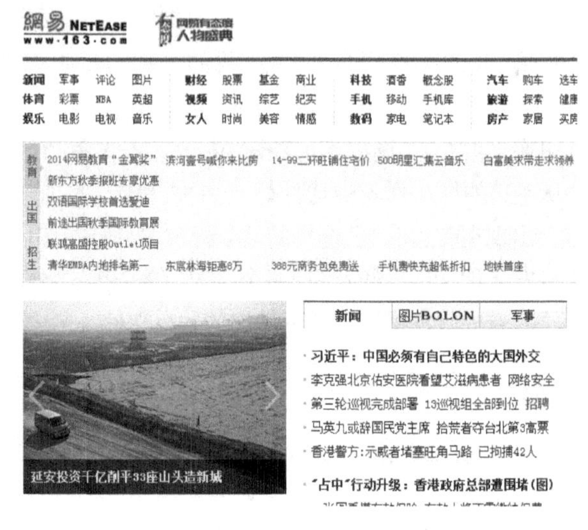


图 7－19　网易主页

图 7－20　登录对话框

(4)如果填写的信息有不符合网站要求的问题，网站将提醒在哪方面有错误，则用户单击 IE 的“后退”按钮，修改填错的信息。

163 网易免费邮 mail.163.com 126 网易免费邮 www.126.com yeah.net 网易免费邮 | 中国第一大电子邮件服务商

欢迎注册网易免费邮！邮件地址可以作为网易通行证，使用其他网易旗下产品。

注册字母邮箱 | 注册手机号码邮箱 | 注册VIP邮箱

* 手机号码 @163.com

请填写手机号码

免费获取验证码

* 验证码

请查收手机短信，并填写短信中的验证码

* 密码

6~16个字符，区分大小写

* 确认密码

请再次填写密码

☑ 同意"服务条款"和"用户须知"、"隐私权相关政策"

立即注册

图7－21 注册主页面

163 网易免费邮 mail.163.com 126 网易免费邮 www.126.com yeah.net 网易免费邮 | 中国第一大电子邮件服务商

欢迎注册网易免费邮！邮件地址可以作为网易通行证，使用其他网易旗下产品。

注册字母邮箱 | 注册手机号码邮箱 | 注册VIP邮箱

* 手机号码 18523536830 @163.com

该号码可注册

27秒后可重新获取验证码 短信验证码已发送

* 验证码 536918

请查收手机短信，并填写短信中的验证码

* 密码 ••••••••••••••

密码强度：中

* 确认密码 ••••••••••••••

请再次填写密码

☑ 同意"服务条款"和"用户须知"、"隐私权相关政策"

立即注册

图7－22 填写注册信息的页面

(5)如果填写格式无错误,弹出如图7－23所示的页面,即邮箱注册成功页面。单击“进入邮箱”按钮,显示如图7－24所示的页面。

图7－23　邮箱注册成功

图7－24　进入网易邮箱

## 二、免费电子信箱使用

完成了上述的申请操作后，就可以对免费的邮箱进行使用了。

### (一) 读邮件

选定需要读取的邮件，单击“收件箱”超链接，可弹出图 7 - 25 的页面，阅读来信。

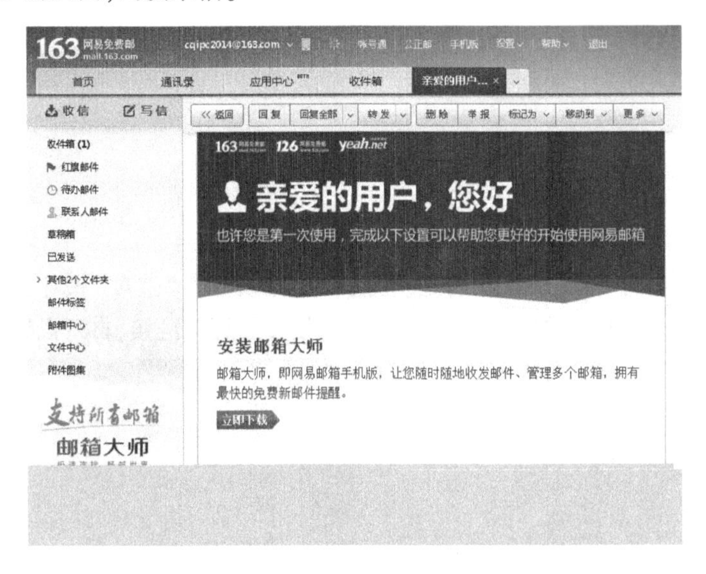


**图 7 - 25　阅读邮件**

由于是第一次使用，无信件(有的网站自动给新建信箱用户发一封欢迎信)。若有信件可双击信件名弹出信件内容。

### (二) 发信

单击“写信”按钮，可弹出图 7 - 26 的写信页面。使用方法与使用 Outlook Express 相似，单击页面上各种工具按钮可执行各种功能。可利用此免费的电子信箱自己给自己发一封信，检查能否收到信件。单击“发送”按钮发出。

**图 7－26　写稿件窗口**

## (三)邮箱配置

如果不满意默认的邮箱配置，则可以单击“选项”按钮，弹出图 7－27 的邮箱配置页面。单击相关的超级链接，自行设置。

**图 7－27　邮箱配置页面**

## 三、Outlook 2010 的设置与使用

Outlook 是比较优秀的收发电子邮件客户端之一，利用 Outlook 可以方便地收发电子邮件、离线编辑电子邮件和管理电子邮件。

### (一)启动 Outlook

依次单击“开始”|“所有程序”|“Microsoft Office”，找到并单击“Microsoft Outlook 2010”命令，运行 Outlook 2010。进入 Outlook 2010 后的界面如图 7-28 所示。

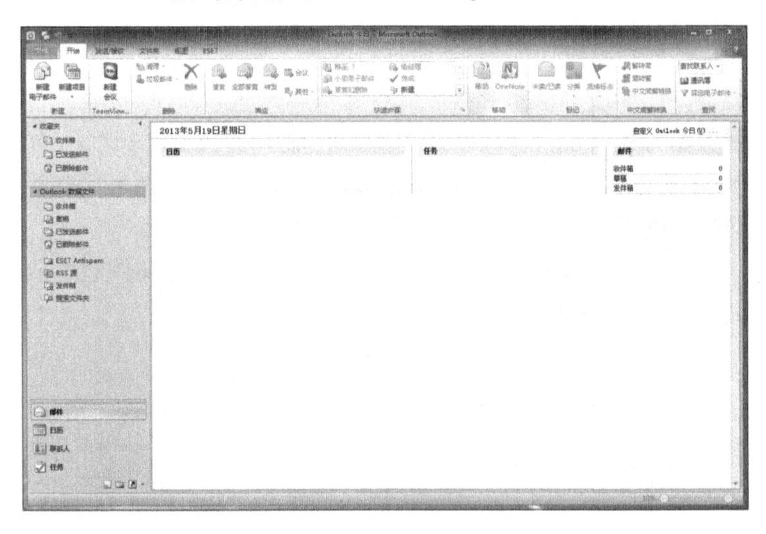

**图 7-28　Outlook 2010 界面**

### (二)建立与网络的连接

在使用电子邮件的收发功能之前，首先要使 Outlook Express 与 Internet 建立连接关系，进行用户账号设置，也就是申请合适的账号和信箱，并把申请到的账号添加到 Outlook Express 中。用户设置账号的步骤如下。

(1)单击“文件”|“信息”菜单中的“添加账户”命令。弹出“添加新账户”对话框。

(2)选择“电子邮件账户”选项,单击“下一步”进入“电子邮件账户设置”。

(3)在“您的姓名”一栏中输入你的姓名,收信人收到你的电子邮件时将会看到这个名字。

(4)依次输入“电子邮件地址”“密码”。“电子邮件地址”为已申请到的邮箱地址,如“hbcszyxyqq. com”;“密码”处填入登录邮箱时的密码。单击“下一步”按钮。

(5)此时 Outlook 会自动联机搜索电子邮件服务器的配置,如自动配置不成功,则需手动进行配置。选择接收邮件服务器类型(POP3 或 IMAP)和接收邮件服务器地址(如 QQ 接收邮件服务器为 pop. qq. com)以及发送邮件服务器(SMTP)地址(如 QQ 发送邮件服务器为 smtp. qq. com)。具体设置信息可到邮箱网站上查询。

(6)依次填写完毕后,单击“下一步”按钮进行邮件收发测试,成功后如图 7 – 29 所示。

图 7 – 29　电子邮件设置

(7)再次单击“下一步”按钮,屏幕上显示“恭喜您”,表明你已经成功设置了用户账号,然后选择“完成”按钮,结束设置。

### (三)接收电子邮件

要接收电子邮件,先单击工具栏中的“发送/接收”按钮下载电子邮件,然后单击左侧文件夹列表中的“收件箱”,可以看到“收件箱”窗口。要查看某个电子邮件,在邮件列表中用鼠标双击此电子邮件。如果希望给发信人回信,则可在邮件窗口中单击“答复”按钮。

### (四)阅读电子邮件

在 Outlook 自动下载完电子邮件或者单击工具栏中的“发送/接收”按钮接收到电子邮件后,用户可以在单独的窗口或预览窗口中阅读这些电子邮件,具体操作步骤如下。

(1)单击工具栏中的“发送/接收”按钮或者单击文件夹列表中的“收件箱”图标来打开收件箱。

(2)如果在预览窗格中查看电子邮件,可在邮件列表中单击该电子邮件,预览窗格中就会显示邮件的内容。如果在单独的窗口中查看电子邮件,只需要在邮件列表中双击该电子邮件。

### (五)编写与插入附件

1. 编写邮件

(1)单击“常用”工具栏的“新建电子邮件”按钮,这时会弹出“新邮件”对话框(图 7－30)。

(2)在“收件人”框内输入收件人的邮箱地址,在“抄送”框内输入要抄送的其他收件人的地址(可以不输入),在“主题”框内输入要发送邮件的主题(这里也可以不输入),这时就可以在下面的编辑窗口编辑邮件内容了。

(3)内容编辑完成后,单击工具栏上的“发送”按钮即可。

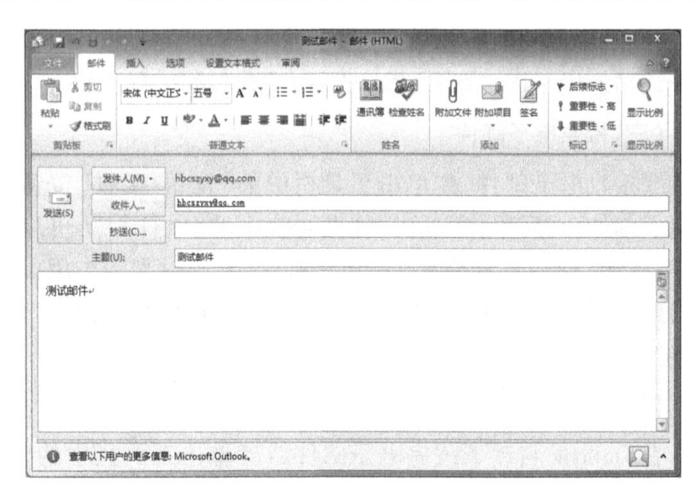


**图 7 - 30 “新邮件”对话框**

2. 插入附件

(1)在“新邮件”对话框中,分别输入收件人的地址、抄送的地址、主题后,选择“附加”命令,弹出“插入文件”对话框(图 7 - 31)。

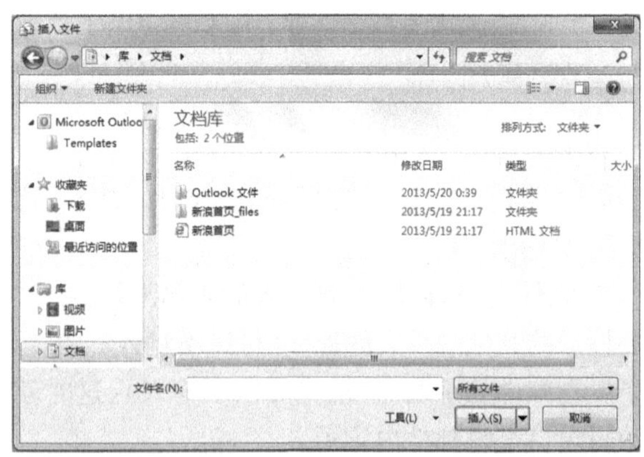


**图 7 - 31 插入“附件”对话框**

(2)选择作为附件的文件,然后单击“插入”按钮,或直接双击作为附件的文件,回到“新邮件”窗口,这时附件框内出现了插入的附件的名称,然后单击“发送”按钮。

**(六)发送电子邮件**

(1)在工具栏中,单击“新邮件”按钮,弹出发送邮件对话框。输入收件人的电子邮件地址,多个不同的电子邮件地址用逗号或分号隔开。如果要从通讯簿中添加电子邮件地址,可在快捷工具栏中单击“通讯簿”命令,然后在弹出的“选择收件人”对话框中选择要添加的地址。选择完毕后,单击“确定”按钮(图7－32)。

**图7－32　发送邮件对话框**

(2)在“主题”框中键入邮件主题。

(3)撰写完邮件后,单击新邮件工具栏中的“发送”按钮。

(4)如果用户有多个邮件账号设置,并要使用默认账号以外的账号,则需在“文件”菜单中选择“发送邮件”,在弹出的多个账号中选择需要的邮件账号。

(5)如果要保存邮件的草稿以便以后继续编写,可单击“文

件”|“保存”命令。也可以单击“另存为”,然后以邮件(.eml)、纯文本(.txt)或HTML(.htm)格式将邮件保存在系统中。

## 四、电子邮件概念

电子邮件(Electronic Mail,简称E-mail)就是通过计算机网络来发送或接收的信件。也就是常说的“伊妹儿”,以其方便和快捷的特点成为网上人们相互交流信息的主要手段之一。

## 五、电子邮件的特点

快速、便捷、便宜、信息多样、功能强大等。

## 六、电子邮件的地址格式

电子邮件地址的基本格式可以用下面的形式来表示,如图7-33所示。

图7-33 电子邮件地址格式

电子邮箱实际上是ISP提供给用户收发电子邮件时电子邮件存取的一个存储空间(一定的硬盘空间)。电子邮件地址是此电子邮箱的一个标识,指明了使用此电子邮箱的一个地址,且在Internet上是唯一的。所以,申请电子邮箱也就是向ISP(Internet服务商,如电信局等)申请为你提供一定的存储空间,并以一个电子邮件地址的形式来标识这一空间,供你存放信件以及提供其他相关服务。

## 七、POP 和 SMTP

POP 是收取邮件的服务器，收取邮件的工作就是由它来完成的。如 163 免费邮箱的 POP 是“pop.163.com”。

SMTP 是发送邮件的服务器，发送邮件的工作就是由它来完成的。如 163 免费邮箱的 SMTP 是“smtp.163.com”。

这两个服务器的地址或免费邮箱网站都由 ISP 提供，需要记住。

# 第八章　使用博客

BBS 和 Blog(博客)是当今网上非常流行的交流方式,本章主要介绍 BBS 和 Blog(博客)的基本情况及常见 BBS 和 Blog(博客)的使用方法,通过对本章的学习可以使读者了解和掌握 BBS 和 Blog(博客)的概念、基本功能、常用工具和分类,掌握天涯社区和搜狐博客的注册及使用方法等内容。

## 第一节　电子公告板(BBS)

### 一、什么是 BBS

BBS 的英文全称是 Bulletin Board System,译为“电子公告板”,也称作网络论坛或虚拟社区。

目前,通过 BBS 系统可随时取得国际最新的软件及信息,也可以与别人讨论计算机软件、硬件、Internet、多媒体、程序设计以及医学等各领域的话题,更可以利用 BBS 系统来刊登一些“征友”“廉价转让”及“公司产品”等信息。

### 二、通过 IE 浏览器访问 BBS

目前比较有影响力的论坛或社区有天涯社区、猫扑社区、搜狐论坛、网易论坛、新浪论坛、百度贴吧等。下面以天涯社区为例介绍常见 BBS 的使用。

## (一)注册和登录 BBS

### 1. 注册 BBS

步骤 1. 启动 IE 浏览器,在地址栏中输入“http://www.tianya.cn”,弹出【天涯虚拟社 I 区】页面,如图 8-1 所示。

图 8-1　【天涯虚拟社区】页面

步骤 2. 单击【免费注册】按钮,打开【新用户注册】页面,如图 8-2 所示,按要求和提示输入注册信息,并勾选“我已仔细阅读并接受”前的选项框。

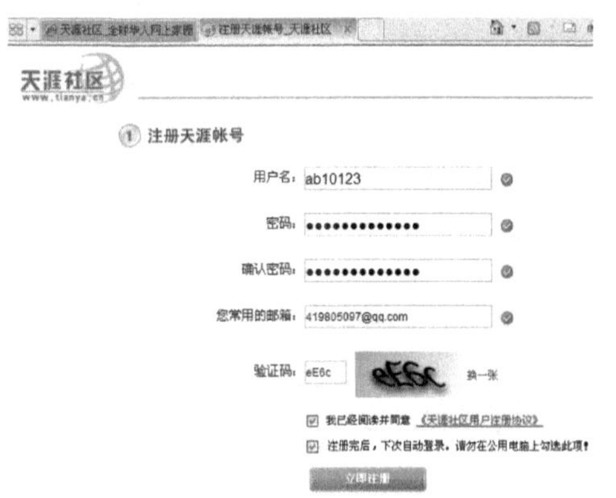


图 8-2　【新用户注册】页面

步骤3. 单击【立即注册】按钮,会打开【激活】页面,如图8－3所示,单击【登录ｘｘ邮箱收取激活邮件】。

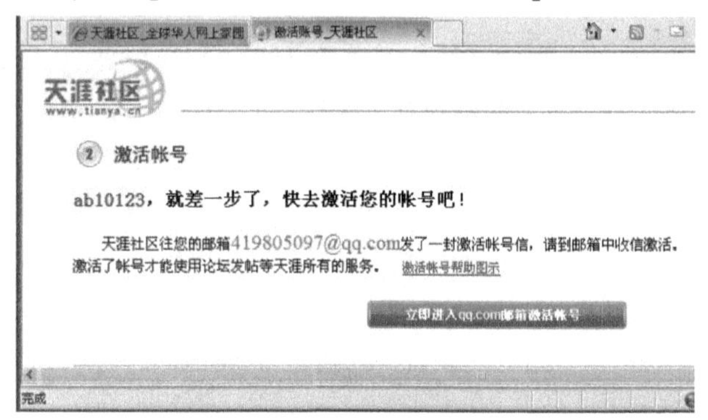


图8－3 【激活】页面

步骤4. 进入邮箱,在收件箱中找到“激活天涯账号”邮件并将其打开,如图8－4所示。

图8－4 激活邮件

步骤5. 单击“邮件中的激活链接”,如图8－5所示。

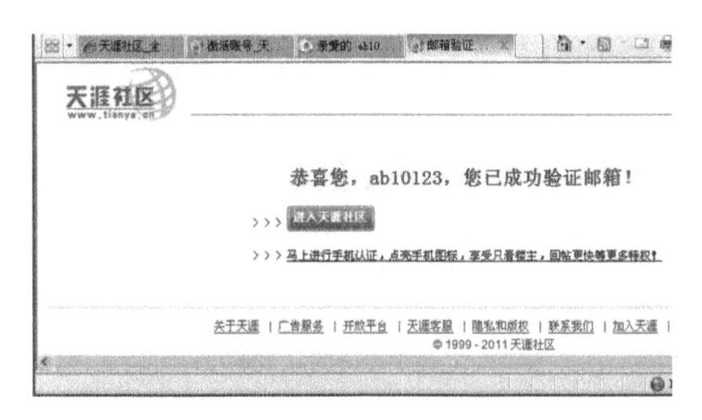


图8－5　【激活成功】对话框

2. 登录 BBS

步骤1. 打开“天涯社区”的首页，可以看到【登录】页面，输入刚注册好的用户名和密码，如图8－6所示。

图8－6　【登录】页面

步骤 2. 单击【登录】按钮,会进入用户信息页面,如图 8 -7 所示。

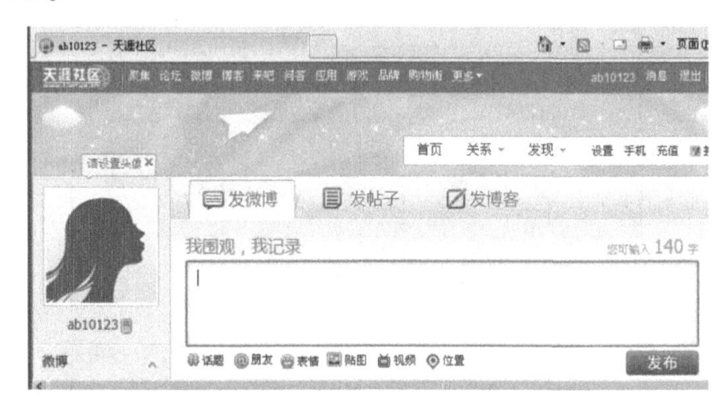


**图 8 -7　用户信息页面**

步骤 3. 在上图中单击【论坛】链接,进入【天涯论坛】页面,如图 8 -8 所示。

**图 8 -8　【天涯论坛】页面**

## (二)阅读并回复文章

步骤 1. 进入天涯论坛页面后,用户可以在众多的栏目中选择一个自己感兴趣的进行浏览，如图 8－9 所示。

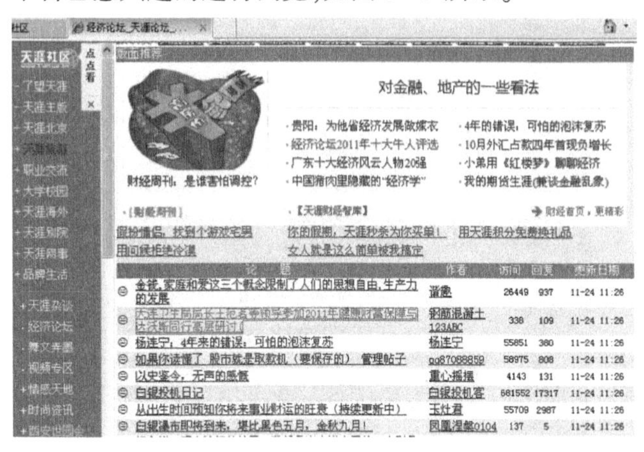


**图 8－9　选择栏目**

步骤 2. 例如，单击【时尚资讯】链接，会打开【时尚资讯】页面，如图 8－10 所示。该页面列出了每条信息的论题、作者、访问次数、回复次数和发表时间等信息。

**图 8－10　【时尚资讯】页面**

步骤 3. 单击【论题】列表中感兴趣的项目，会弹出该条信息的详细内容,如图 8－11 所示。

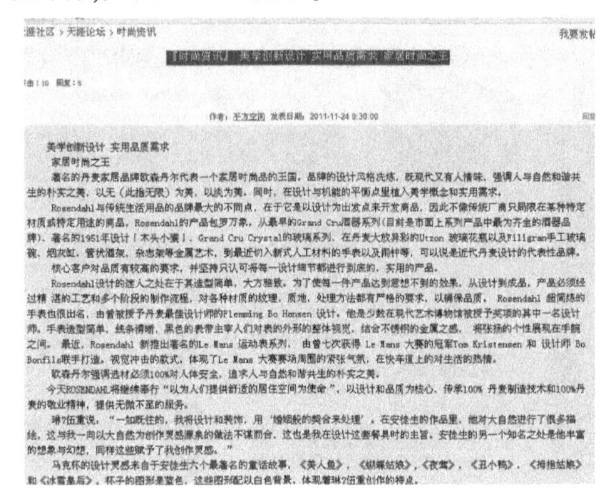


美学创新设计 实用品质需求

家居时尚之王

著名的丹麦家居品牌歌森丹尔代表一个家居时尚品的王国。品牌的设计风格洗练，既现代又有人情味，强调人与自然和谐共生的朴实之美，以无（此指无限）为美，以淡为美。同时，在设计与机能的平衡点里植入美学概念和实用需求。

Rosendahl与传统生活用品的品牌最大的不同点，在于它是以设计为出发点来开发商品，因此不像传统厂商只局限在某种特定材质或特定用途的商品，Rosendahl的产品包罗万象，从最早的Grand Cru酒器系列(目前是市面上系列产品中最为齐全的酒器品牌)、著名的1951年设计「木头小猴」、Grand Cru Crystal的玻璃系列、在丹麦大放异彩的Utzon 玻璃花瓶以及Filigran手工玻璃碗、烟灰缸、管状酒架、杂志架等金属艺术，到最近切入新式人工材料的手表以及闹钟等，可以说是近代丹麦设计的代表性品牌。

核心客户对品质有较高的要求，并坚持只认可将每一设计细节都进行到底的、实用的产品。

Rosendahl设计的迷人之处在于其造型简单，大方雅致。为了使每一件产品达到意想不到的效果，从设计到成品，产品必须经过精 湛的工艺和多个阶段的制作流程，对各种材质的纹理，质地，处理方法都有严格的要求，以确保品质。 Rosendahl 甜简练的手表也很出名，由曾被授予丹麦最佳设计师的Flemming Bo Hansen 设计。他是少数在现代艺术博物馆被授予奖项的其中一名设计师。手表造型简单，线条清晰，黑色的表带主宰人们对表的外形的整体视觉，结合不锈钢的金属之感， 将张扬的个性展现在手腕之间。 最近，Rosendahl 新推出著名的Le Mans 运动表系列， 由曾七次获得 Le Mans 大赛的冠军Tom Kristensen 和 设计师 Bo Bonfils联手打造。视觉冲击的款式，体现了Le Mans 大赛赛场周围的紧张气氛，在快车道上的对生活的热情。

歌森丹尔强调选材必须100%对人体安全，追求人与自然和谐共生的朴实之美。

今天ROSENDAHL将继续奉行“以为人们提供舒适的居住空间为使命”，以设计和品质为核心、传承100% 丹麦制造技术和100%丹麦的敬业精神，提供无微不至的服务。

琳?伍重说，“一如既往的，我将设计和装饰，用‘婚姻般的契合来处理’，在安徒生的作品里，他对大自然进行了很多描绘，这与我一向以大自然为创作灵感源泉的做法不谋而合，这也是我在设计这套餐具时的主旨。安徒生的另一个知名之处是他丰富的想象与幻想，同样这些赋予了我创作灵感。”

马克杯的设计灵感来自于安徒生六个最著名的童话故事，《美人鱼》，《蝴蝶姑娘》，《夜莺》，《丑小鸭》，《拇指姑娘》和《冰雪皇后》，杯子的图形是蓝色，这些图形配以白色背景，体现着琳?伍重创作的特点。

**图 8－11　阅读相关内容**

步骤 4. 正文的后面是网友对该条信息的回复,可以表明个人的观点,也可以发表感想。在该页面最下方的文本框即为【发表】页面,输入所要发表的内容,单击【发表】按钮,即可发表自己的观点和看法,如图 8－12 所示。

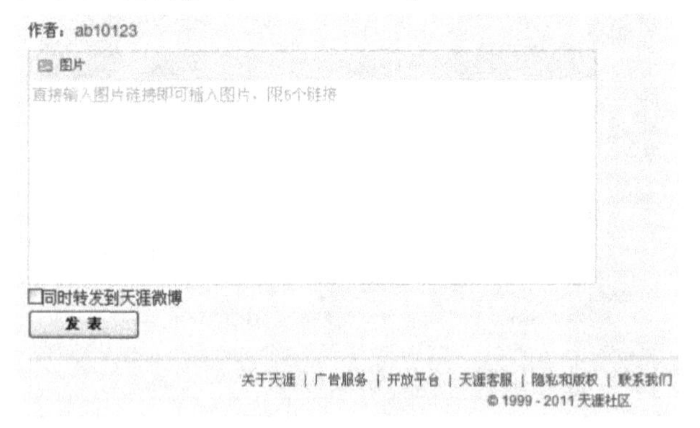


**图 8－12　【发表】页面**

### （三）发表文章

步骤1. 在【时尚资讯】的首页上找到【发表帖子】按钮，如图8-13所示。

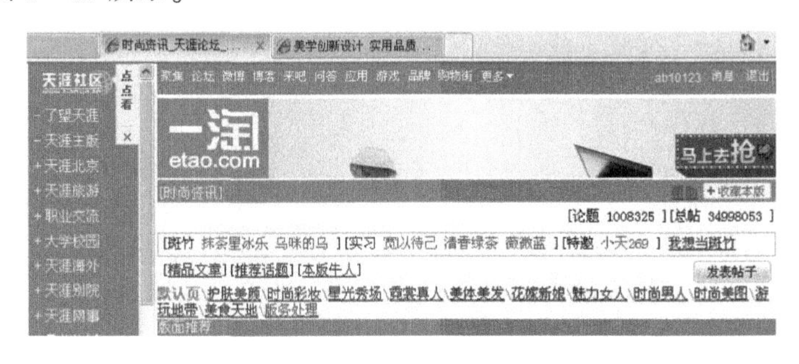


图8-13　【发表帖子】按钮

步骤2. 单击该按钮，打开【发表帖子】页面，如图8-14所示。可以在“标题”后的文本框中输入发布帖子的标题，标题最好能吸引人们的眼球。

图8-14　【发表帖子】页面

步骤3. 单击【类别选择】下拉列表，会展开所有的栏目类别，如图 8－15 所示，会确定文章发表到某个栏目中。

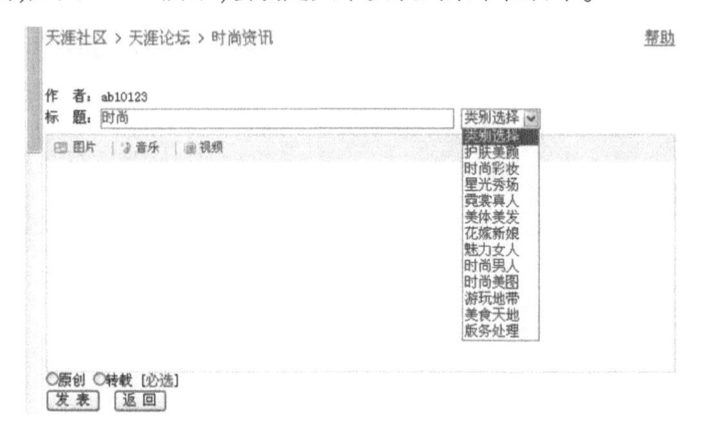


**图 8－15 【类别选择】下拉列表**

步骤 4. 单击【时尚美图】链接，可以在输入文字的同时添加图片，【原创】和【转载】两个选项必须选择一个，以表明文章的来源。如果用户有博客，可以将帖子保存到自己的博客中。

步骤 5. 所有信息都录入完成后，单击【发表】按钮，弹出【验证码】对话框，如图 8－16 所示。

**图 8－16 【验证码】对话框**

**（四）BBS 的用户设置**

登录天涯社区后，可以修改用户的个人信息和相关的设置，如图 8－17 所示。

**图 8－17 【用户设置】页面**

1. 修改个人信息

步骤 1. 单击【个人资料】链接，会弹出修改用户资料页面，默认打开【基本信息】选项，如图 8－18 所示。

**图 8－18 【基本信息】页面**

步骤 2. 在该页面中用户可以录入性别、出生日期等基本信息，录入完成后单击【保存设置】按钮,以便将修改信息上传到网站中。

2. 修改密码

步骤1. 单击【账户设置】链接,会弹出【账户设置】页面,如图8－19所示。

图8－19 【账户设置】页面

步骤2. 单击【修改密码】链接,会弹出【修改密码】页面,如图8－20所示。用户可以修改自己的密码。

图8－20 【修改密码】页面

3. 更换头像

步骤 1. 单击【头像】链接,会切换到【上传照片】页面,如图 8－21 所示。

图 8－21　【上传照片】页面

步骤 2. 单击【浏览】按钮,会弹出【选择要加载的文件】对话框,如图 8－22 所示。

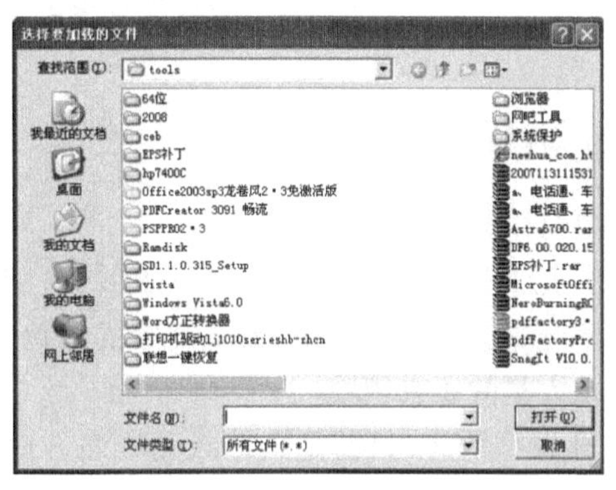

图 8－22　【选择文件】对话框

步骤 3. 选中头像文件,单击【打开】按钮,就选中了头像文件的具体位置。单击【开始上传】按钮,就可以将选中头像文件上传到论坛里了。

## 第二节 博客

### 一、什么是 Blog(博客)

Blog(博客)的全名是 Web log,中文意思是“网络日志”。

Blog(博客)其实就是一个网页,它通常是由简短且经常更新的帖子构成,这些张贴的文章一般都是按照年份和日期倒序排列的。Blog(博客)的内容和目的有很大的不同,从对其他网站的超级链接和评论,有关公司、个人构想到日记、照片、诗歌、散文种类繁多。许多 Blogs(博客)是个人心中所想之事的发表,个别 Blogs(博客)则是一群人基于某个特定主题或共同利益领域的集体创作。

Blogger 即指撰写 Blog 的人。Blogger 在很多时候也被翻译成为“博客”一词,而撰写 Blog 这种行为,有时候也被翻译成“博客”。

### 二、Blog(博客)的分类

博客主要可以分为以下几大类:

【基本的博客】Blog(博客)中最简单的形式。单个的作者对于特定的话题提供相关的资源,发表简短的评论。这些话题几乎可以涉及人类的所有领域。

【微博】即微型博客,目前是全球最受欢迎的博客形式,博客作者不需要撰写很复杂的文章,而只需要抒写 140 字内的心情文字即可。

【家庭博客】这种类型博客的成员主要由亲属或朋友构成,

他们是一种生活圈、一个家庭或一群项目小组的成员。

【协作式的博客】其主要目的是通过共同讨论使得参与者在某些方法或问题上达成一致,通常把协作式的博客定义为允许任何人参与、发表言论、讨论问题的博客日志。

【公共社区博客】公共出版在几年以前曾经流行过一段时间,但是因为没有持久有效的商业模型而销声匿迹了。廉价的博客与这种公共出版系统有着同样的目标,但是使用更方便,所花的代价更小,所以也更容易生存。

【商业、企业、广告型的博客】对于这种类型博客的管理类似于通常网站的 Web 广告管理。

【知识库博客】基于博客的知识管理将越来越广泛,使得企业可以有效地控制和管理那些原来只是由部分工作人员拥有的、保存在文件档案或者个人电脑中的信息资料。知识库博客提供给了新闻机构、教育单位、商业企业和个人一种重要的内部管理工具。

## 三、常见 Blog(博客)站点简介

目前,各大门户网站都提供了博客的相关功能,其中比较有影响的有以下几个。

### (一)QQ 空间

QQ 空间(Qzone)是腾讯公司于 2005 年开发出来的一个个性空间,具有博客(Blog)的功能,自问世以来受到众多人的喜爱。在 QQ 空间上可以书写日记,上传自己的图片,听音乐,写心情,通过多种方式展现自己。除此之外,用户还可以根据自己的喜爱设定空间的背景、小挂件等,从而使每个空间都有自己的特色。当然,QQ 空间还为精通网页的用户提供了高级的功能:可以通过编写各种各样的代码来打造自己的空间。

### (二)网易博客

网易博客是网易为用户提供个人表达和交流的网络工具。在这里用户可以通过日志、相片等多种方式记录个人感想和观点,还可以共享网络收藏完全展现自我。通过排版选择用户喜欢的风格、版式,添加个性模块,更可全方位满足用户个性化的需要。

### (三)新浪博客

新浪网博客频道是全国最主流,人气颇高的博客频道之一。拥有娱乐明星博客、知识性的名人博客、动人的情感博客、自我的草根博客等。

### (四)百度空间

百度空间,百度家族成员之一,空间的口号是:真我,真朋友!轻松注册后,可以在空间写博客、传图片、养宠物、玩游戏,尽情展示自我;还能及时了解朋友的最新动态,从上千万网友中结识感兴趣的新朋友。分享心情,传递快乐。此外还有51交友空间、搜狐博客、校内网博客、TOM博客等众多的博客站点。

## 四、Blog(博客)的使用

下面以搜狐博客为例为大家介绍一下常见Blog(博客)的使用方法。

### (一)注册“博客通行证”

步骤1. 启动IE浏览器,在地址栏输入“http://blog.sohu.com”,弹出【搜狐博客】首页,如图8-23所示。

步骤2. 单击上述页面中的【注册新用户】链接,打开【搜狐博客注册】页面,如图8-24所示。

步骤3. 在相应的栏目中输入用户的个人信息,单击【完成注册】按钮,打开【通过邮件激活】页面,如图8-25所示。

步骤4. 打开用户的个人邮箱,会看到搜狐博客的激活邮件,如图8－26所示。

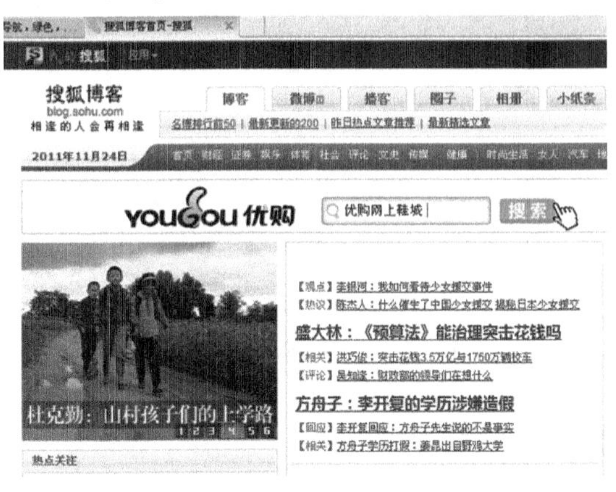

搜狐博客首页-搜狐
搜狐博客
blog.sohu.com
相逢的人会再相逢
博客
微博
播客
圈子
相册
小纸条
名博排行前50
最新更新的200
昨日热点文章推荐
最新精选文章
2011年11月24日
YOUGOU 优购
优购网上鞋城
搜索
盛大林：《预算法》能治理突击花钱吗
方舟子：李开复的学历涉嫌造假
杜克勤：山村孩子们的上学路
热点关注

图8－23　【搜狐博客】首页

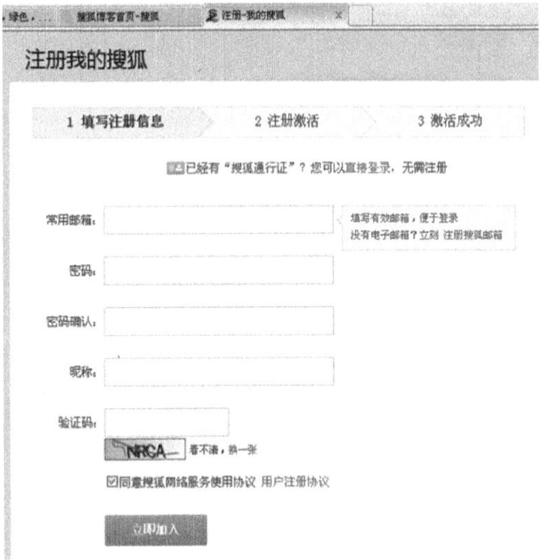
搜狐博客首页-搜狐
注册-我的搜狐
注册我的搜狐
1 填写注册信息
2 注册激活
3 激活成功
已经有"搜狐通行证"？您可以直接登录，无需注册
常用邮箱：
填写有效邮箱，便于登录
没有电子邮箱？立刻 注册搜狐邮箱
密码：
密码确认：
昵称：
验证码：
NRCA
看不清，换一张
同意搜狐网络服务使用协议 用户注册协议
立即加入

图8－24　【搜狐博客注册】页面

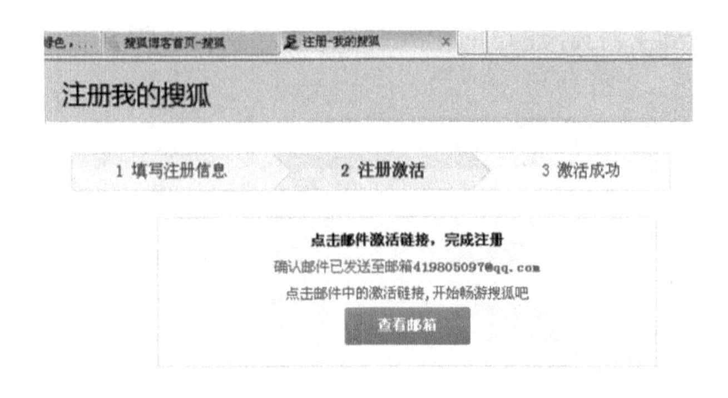


**图 8－25 【通过邮件激活】页面**

**图 8－26 激活邮件**

步骤 5. 注册成功后页面会自动跳转到【修改头像】页面，如图 8－27 所示。单击【浏览】按钮，会弹出【选择文件】对话框，如图 8－28 所示。

选好头像图片后，单击【上传】按钮，头像图片将会被传送到博客中。单击【保存头像】按钮,头像的设置将被保存下来。

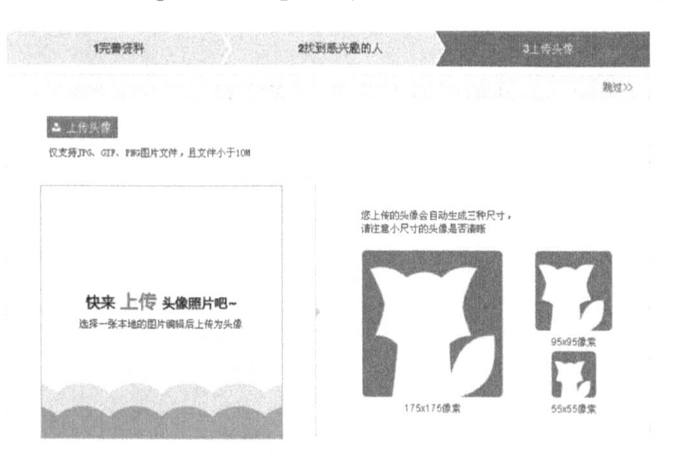


图 8－27　【修改头像】

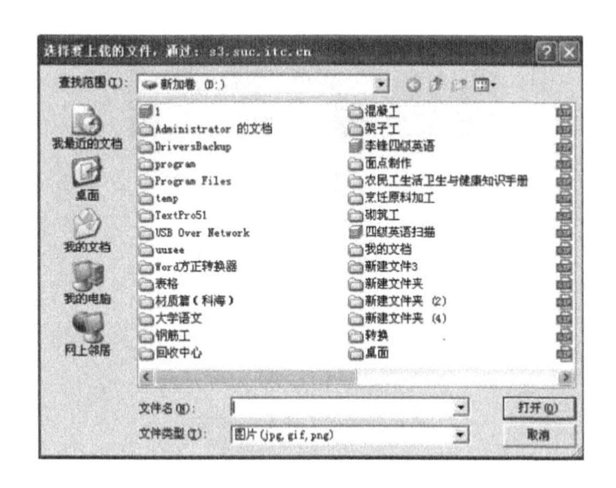


图 8－28　【选择文件】对话框

步骤 6. 修改头像完成后,页面会自动跳转到【基本信息】页面,填写完个人的基本信息后,单击【保存】按钮,会自动登录到用户的博客空间。

### (二)个性化自己的博客

1. 登录博客

步骤1. 打开搜狐博客首页,找到【登录】界面,如图8－29所示。

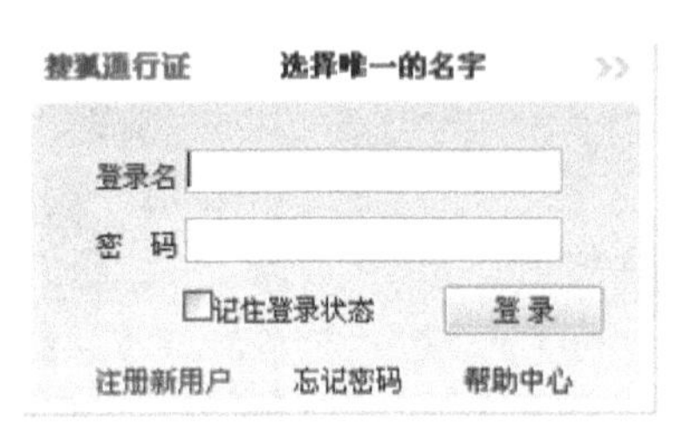


图8－29 【登录】界面

步骤2. 输入正确的用户名和密码,单击【登录】按钮,如图8－30所示。

图8－30 【登录】页面

2. 修改个人档案

(1)个人头像。

步骤1. 单击【个人资料设置】链接,会打开【个人资料设置】页面。系统默认打开【个人头像】页面,如图8－31所示。

**图8－31　【个人头像】页面**

步骤2. 单击【上传图像】按钮，会弹出【选择要上传的文件】对话框，如图8－32所示。选好头像图片后，单击【上传】按钮，头像图片将会被传送到博客中。最后单击【保存】按钮，保存上传的头像文件。

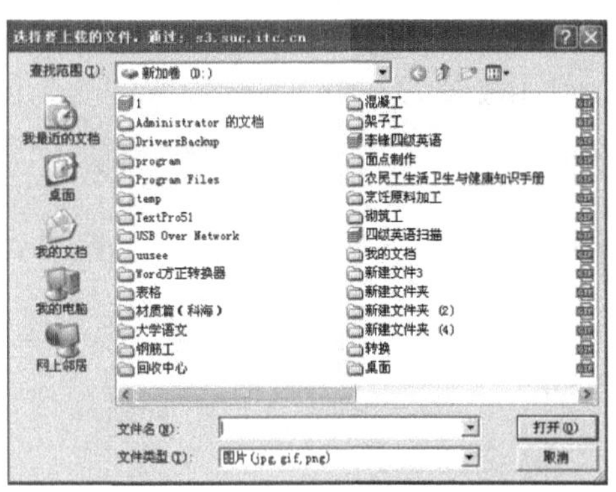


**图8－32　【选择文件】对话框**

（2）个人信息。单击【基本信息】链接，打开【基本信息】页面，如图8－33所示。用户可以在这里修改博客名、博客描述和个性介绍。单击【保存】按钮可以将修改的信息保存到博客空间中。

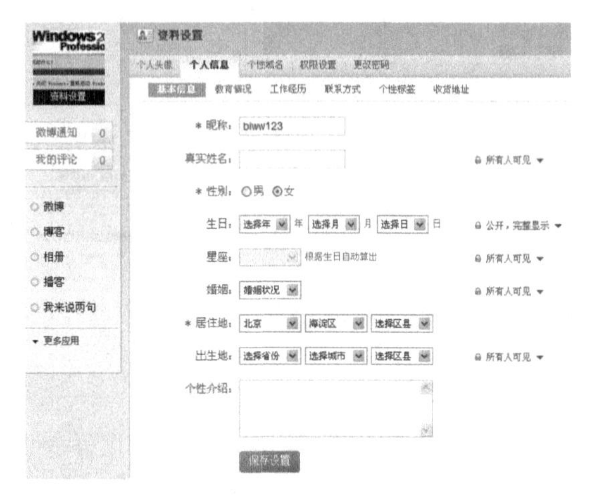


**图 8－33 【基本信息】页面**

(3)教育情况。单击【教育情况】链接,会打开【教育情况】页面,如图 8－34 所示。用户可以输入个人的详细信息,单击【保存】按钮保存该信息。

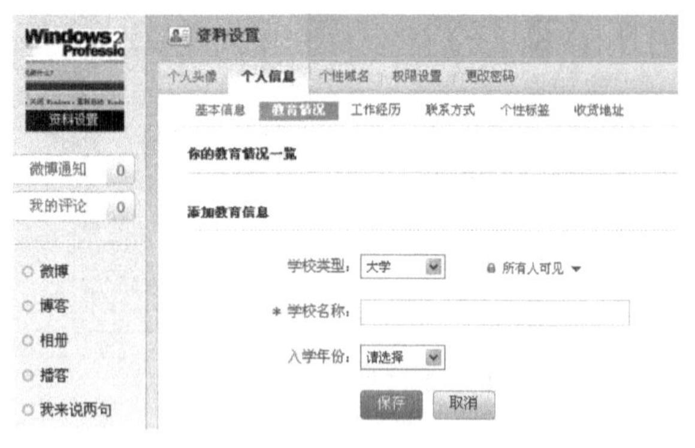


**图 8－34 【教育情况】**

(4)更改密码。单击【更改密码】链接,会打开【更改密码】页面,如图 8－35 所示。用户输入原密码和新密码,可以更改当前的登录密码。单击【确定修改密码】按钮，修改的密码将会生效。

图 8－35　【更改密码】页面

## （三）写作和发表 Blog（博客）文章

步骤 1. 登录后在“我的空间”单击【写日志】链接，如图 8－36 所示。

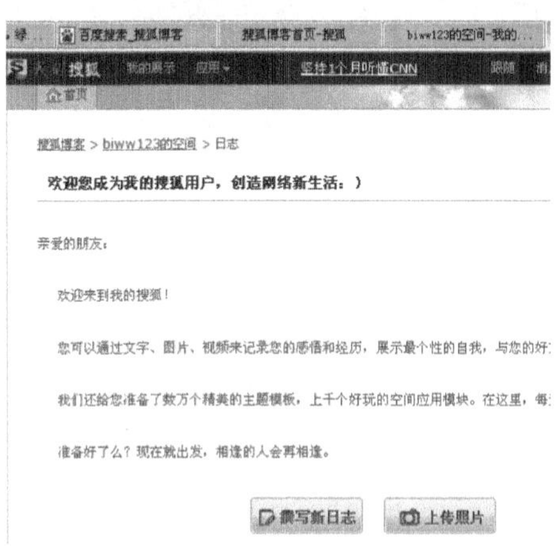


图 8－36　【写日志】链接

步骤2. 打开【撰写新日志】页面,如图8－37所示。在该页面中,可以添加标题,撰写博文内容以及给日志分类等。

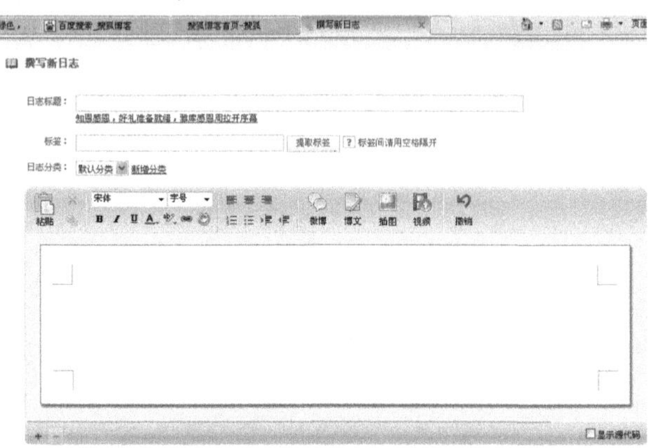


**图8－37 【撰写新日志】页面**

步骤3. 单击【插图】按钮,会弹出【添加/修改图片】页面,单击【浏览】按钮,如图8－38所示。

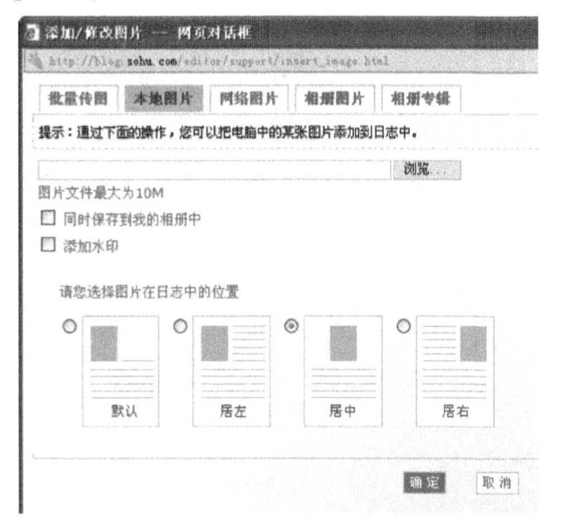


**图8－38 【添加/修改图片】页面**

步骤4:弹出【选择要加载的文件】对话框,选择要插入日志的图片文件。选中图片后还可以设置图片在文字中的排版方式等。单击【确定】按钮,图片插入到文字中。

除了可以管理日志以外还可以管理评论、草稿和分类,管理方法与日志类似。

# 第九章　计算机安全

计算机安全是个十分重要的问题，它涉及的范围非常广泛，从各种各样的计算机报纸杂志中，处处可以看到有关计算机安全的内容。国际标准化组织（ISO）将“计算机安全”定义为“为数据处理系统建立和采取的技术和管理的安全保护，保护计算机硬件、软件和数据不因偶然和恶意的原因而遭到破坏、更改和泄露”。此概念偏重于静态信息保护。也有人将“计算机安全”定义为“计算机的硬件、软件和数据受到保护，不因偶然和恶意的原因而遭到破坏、更改和泄露，系统连续正常运行”。该定义着重于动态意义描述。可见，计算机安全的内容应包括两方面，即物理安全和逻辑安全。物理安全指系统及相关设备受到物理保护，免于破坏、丢失等；逻辑安全包括信息完整性、保密性和可用性。

从本质上讲，计算机是一个十分脆弱的系统，它在进行数据的处理、存储、传输时往往存在安全隐患，数据很容易被干扰、遗漏和丢失，甚至被泄露、窃取、篡改、冒充和破坏，还有可能受到计算机病毒的感染。自从 Internet 流行以来，计算机安全更是一个必须高度重视的课题。然而，至今仍有很多人错误地认为“计算机安全就是杀毒”，其实计算机安全涉及的范围正在以前所未有的速度扩大。

20 世纪 90 年代，随着我国各类计算机网络的逐步建立与普遍应用，如何防止计算机病毒侵入计算机网络和保证网络的安全运行已成为人们面临的一个重要且紧迫的任务，计算机网络的防病毒与反病毒技术已成为计算机操作人员与网络工作人员必须了解与掌握的一项技术。

Internet 的普及给病毒的传播提供了更广阔的空间，对网络用户造成的损害更加直接。只有加强 Internet 安全知识的学习，才能更有效地维护网络安全，保护劳动成果不被病毒侵害。

## 第一节　计算机病毒

### 一、计算机病毒的概念

为什么叫做“计算机病毒”？首先，由于它与生物医学上的“病毒”同样具有传染和破坏的特性，因此这一名词由生物医学上的“病毒”概念引申而来；但它与医学上的“病毒”不同，它不是天然存在的，而是某些人利用计算机软件和硬件所固有的脆弱性，编制的具有特殊功能的程序。

从广义上定义，凡能够引起计算机故障，破坏计算机数据的程序统称为计算机病毒。依据此定义，诸如逻辑炸弹、蠕虫等均可称为计算机病毒。在国内，专家和研究者对计算机病毒也作过不尽相同的定义，但一直没有公认的明确定义。直至 1994 年 2 月 18 日，我国正式颁布实施了《中华人民共和国计算机信息系统安全保护条例》，在《条例》第二十八条中明确指出：“计算机病毒，是指编制或者在计算机程序中插入的破坏计算机功能或者毁坏数据、影响计算机使用，并能自我复制的一组计算机指令或者程序代码。”此定义具有法律性、权威性。

### 二、计算机病毒的特征

计算机病毒实质上是指编制或在计算机程序中插入破坏计算机功能或数据，影响计算机使用并能自我复制的一组计算机指令或程序代码。只有了解了计算机病毒的特征,才能更好地防范它。计算机病毒主要有三种特征:寄生性、传染性和破坏性。

### (一)寄生性

计算机病毒的本质是一组计算机指令或者程序代码,也可以说是一种特殊的计算机程序。但是一般情况下,计算机病毒并不以程序的形式独立存在,而是寄生在其他程序之中,具有极强的隐蔽性。病毒程序嵌入到宿主程序中后,一般对宿主程序进行一定的修改,宿主程序一旦执行,病毒程序就被激活,从而可以进行自我复制和繁衍。

### (二)传染性

计算机病毒通过各种渠道(磁盘、共享目录、邮件等)从已被感染的计算机扩散到其他计算机上,在某种情况下导致计算机工作失常。传染性是病毒的基本特征。与生物病毒不同的是,计算机病毒是一段人为编制的计算机程序代码,这段程序代码一旦进入计算机并得以执行,就会搜索其他传染条件的程序或存储介质,确定目标后再将自身代码插入其中,达到自我繁殖的目的。是否具有传染性,是判别一个程序是否为计算机病毒的最重要的条件。

### (三)破坏性

所有的计算机病毒都是一种可执行程序,而这一可执行程序又必然要运行,所以对系统来讲,所有的计算机病毒都存在一个共同的危害,即降低计算机系统的工作效率,占用系统资源。同时,计算机病毒的破坏性主要取决于计算机病毒设计者的目的。如果病毒设计者的目的在于彻底破坏系统的正常运行,那么它可以毁掉系统的部分数据,也可以破坏全部数据并使之无法恢复。但并非所有的病毒都对系统产生极其恶劣的破坏作用。有时几种本没有多大破坏作用的病毒交叉感染，也会导致系统崩溃等重大恶果。

## 第二节　网络黑客

### 一、网络黑客简介

谈到网络安全问题，就没法不谈黑客(Hacker)。翻开1998年日本出版的《新黑客字典》，可以看到上面对黑客的定义是："喜欢探索软件程序奥秘，并从中增长其个人才干的人。他们不像绝大多数计算机使用者，只规规矩矩地了解别人指定了解的范围狭小的部分知识。""黑客"大都是程序员，他们对于操作系统和编程语言有着深刻的认识，乐于探索操作系统的奥秘，且善于通过探索了解系统中的漏洞及其原因所在。他们恪守这样一条准则：Never damage any system(永不破坏任何系统)。他们近乎疯狂地钻研更深入的计算机系统知识并乐于与他人共享成果。他们一度是计算机发展史上的英雄，为推动计算机的发展起了重要的作用。那时候，从事黑客活动，就意味着对计算机的潜力进行智力上最大程度的发掘。国际上的著名黑客均强烈支持信息共享论，认为信息、技术和知识都应当被所有人共享，而不能为少数人所垄断。

显然，"黑客"一词原来并没有丝毫的贬义成分。直到后来，少数怀着不良的企图，利用非法手段获得的系统访问权去闯入远程机器系统、破坏重要数据，或为了自己的私利而制造麻烦的具有恶意行为特征的人(他们其实是Crack)慢慢玷污了"黑客"的名声，"黑客"才逐渐演变成入侵者、破坏者的代名词。"他们瞄准一台计算机，对它进行控制，然后毁坏它。"——这是1995年美国拍摄第一部有关黑客的电影《战争游戏》中，对"黑客”概念的描述。

虽然现在对黑客的准确定义仍有不同的意见,但从信息安全这个角度来说,“黑客”的普遍含义是特指对计算机系统的非法侵入者。多数黑客都痴迷于计算机,认为自己在计算机方面的天赋过人,只要自己愿意,就可毫无顾忌地非法闯入某些敏感的信息禁区或者重要网站,以窃取重要的信息资源、篡改网址信息或者删除该网址的全部内容等恶作剧行为作为一种智力的挑战而自我陶醉。

目前,黑客已成为一个特殊的社会群体,在欧美等国有不少完全合法的黑客组织,黑客们经常召开黑客技术交流会。1997年11月,在纽约召开了世界黑客大会,与会者达四五千人。另一方面,黑客组织在Internet上利用自己的网站介绍黑客攻击手段、免费提供各种黑客工具软件、出版网上黑客杂志。这使得普通人也很容易下载并学会使用一些简单的黑客手段或工具对网络进行某种程度的攻击,进一步恶化了网络安全环境。

## 二、木马病毒

这种程序借用古希腊传说中特洛伊战役中木马计的故事。特洛伊王子在访问希腊时,诱走希腊王后,因此希腊人远征特洛伊,九年围攻不下。第十年,希腊将领献计,将一批精兵藏在一巨大的木马腹中,放在城外,然后佯作撤兵。特洛伊人以为敌人已退,将木马作为战利品推进城去。当夜,希腊伏兵出来,打开城门里应外合攻占了特洛伊城。

一些程序开发者利用这一思想开发出一种外表上很有魅力而且显得很可靠的程序,但是这些程序在被用户使用一段时间或者执行一定次数后,便会产生故障,出现各种问题。

在互联网上,此类木马程序不少,如BO、Back Orifice、Backdoor、DMSetup、Netbus、Netspy、BO2K等。黑客利用这些木马病

毒,监视计算机用户的操作,甚至盗取网络游戏账号、银行账号以及聊天账号的密码等,危害性很强。

## 第三节　网络安全工具——360安全卫士

### 一、安全卫士简介

360安全卫士是国内最受欢迎的免费安全软件之一。它拥有查杀流行木马、清理恶评及系统插件、管理应用软件、卡巴斯基杀毒、系统实时保护、修复系统漏洞等数个强劲功能,同时还提供系统全面诊断、弹出插件免疫、清理使用痕迹以及系统还原等特定辅助功能,并且提供对系统的全面诊断报告,方便用户及时定位问题所在,真正为每一位用户提供全方位的系统安全保护。

可以到360安全卫士的主页 http://www.360.cn/免费下载软件进行安装。

运行360安全卫士 V4.18 正式版,界面如图9-1所示。软件界面上方是一排共6个按钮,分别是常用、杀毒、高级、保护、求助、推荐。默认情况下“常用”按钮处在选中状态。单击这6个按钮可以切换到相应页面进行操作,每个按钮对应的页面下包括一排选项卡,利用这些选项卡可以实现具体功能的操作。

下面简单介绍6个按钮对应的功能。

#### (一)常用

“常用”按钮对应8个选项卡,分别是基本状态、查杀流行木马、清理恶评插件、管理应用软件、恢复系统漏洞、系统全面诊断、清理使用痕迹、装机必备软件。利用这些选项卡可以进行最常用的一些安全防护操作。

## (二)杀毒

“杀毒”按钮对应4个选项卡,分别是杀毒、在线杀毒、病毒专杀工具、恶评插件专杀工具。利用这些选项卡可以免费下载卡巴斯基杀毒软件、进行在线查杀病毒等操作。

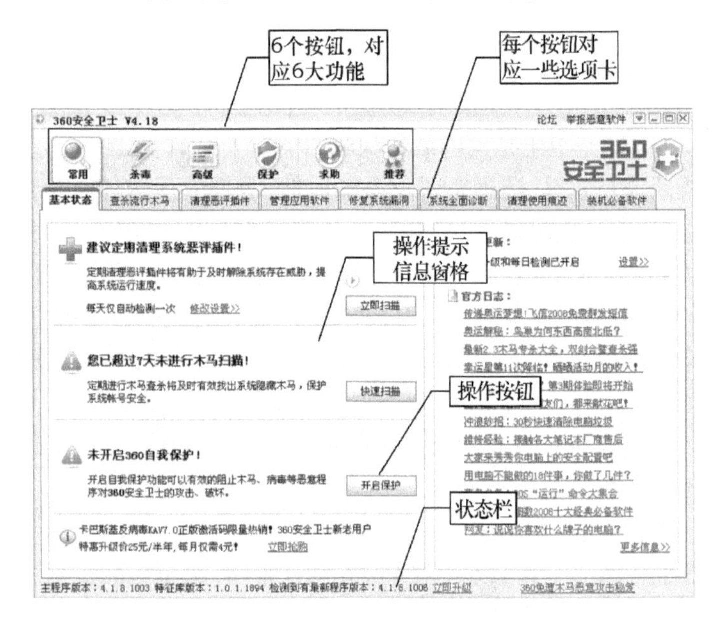


**图9-1　360安全卫士界面**

## (三)高级

“高级”按钮对应7个选项卡,分别是修复IE、系统优化清理、启动项状态、系统服务状态、系统进程状态、网络连接状态、高级工具集。利用这些选项卡可以进行系统优化和维护等方面的操作。

## (四)保护

“保护”按钮对应2个选项卡,分别是开启实时保护、保护

360。利用这两个选项卡可以选择是否对一些选项进行实时保护。

### (五)求助

“求助”按钮对应3个选项卡,分别是到求助中心、到论坛举报、导出诊断报告。利用这些选项卡可以在遇到疑难问题时进行求助和举报,进而得到问题的解答。

### (六)推荐

“推荐”按钮对应2个选项卡,分别是绿色软件推荐下载、装机必备软件。这里360安全卫士为用户推荐了一些绿色软件以及安装计算机系统必备的一些软件。

## 二、清理木马和恶评插件

### (一)查杀流行木马

利用这个功能,可以定期进行木马查杀,有效保护各种系统账户安全。具体操作步骤如下。

(1)在“常用”按钮对应的功能界面中,单击“查杀流行木马”选项卡,切换到相应窗格。

(2)在这里可以选择扫描方式:快速扫描、全盘扫描或者自定义区域扫描。

(3)单击“开始扫描”按钮将马上按照选择的扫描方式进行木马扫描,如图9-2所示。

### (二)清理恶评插件

利用这个功能,可卸载千余款插件,提升系统运行速度,可以根据综合评分、好评率、恶评率来管理插件。具体操作步骤如下。

(1)在“常用”按钮对应的功能界面中,单击“清理恶评插件”选项卡,切换到相应窗格。

(2)在“全部插件”列表中可以选择插件分类:恶评插件、其他插件、信任插件。中间窗格会显示插件的详细信息。

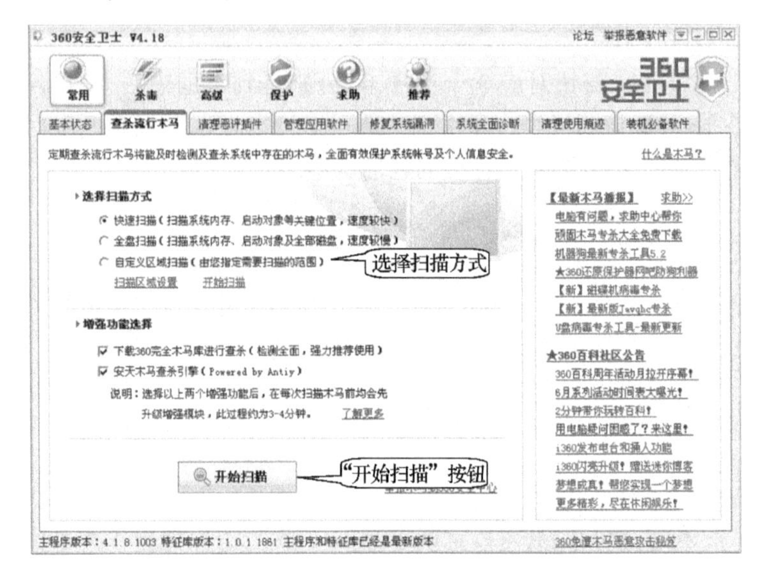


**图9-2 “查杀流行木马”选项卡**

(3)选中要清除的插件,单击“立即清理”按钮,执行立即清除。选中信任的插件,单击“信任选中插件”按钮,添加到“信任插件”类别中。单击“重新扫描”按钮,将重新扫描系统,检查插件情况(图9-3)。

## 三、系统管理和维护

### (一)管理应用软件

利用这个功能,可以卸载计算机中不常用的软件,节省磁盘空间,提高系统运行速度;另外,还可以查看到软件的相关评价及信息。具体操作步骤如下:

(1)在“常用”按钮对应的功能界面中,单击“管理应用软件”选项，则切换到一个新窗口(图 9－4)。

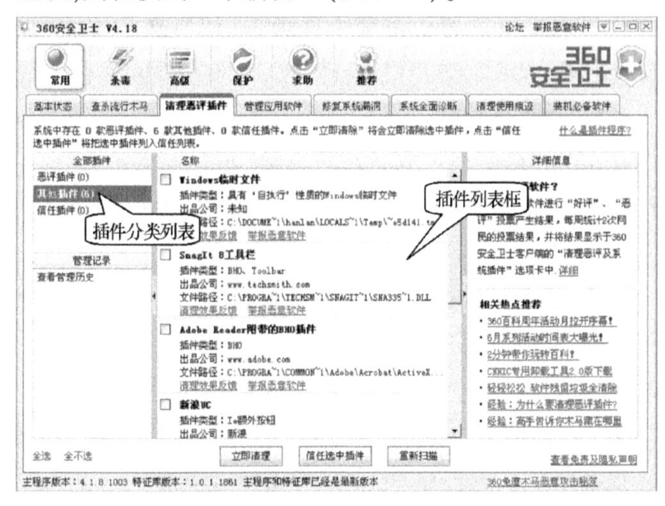


**图 9－3　“清理恶评插件”选项卡**

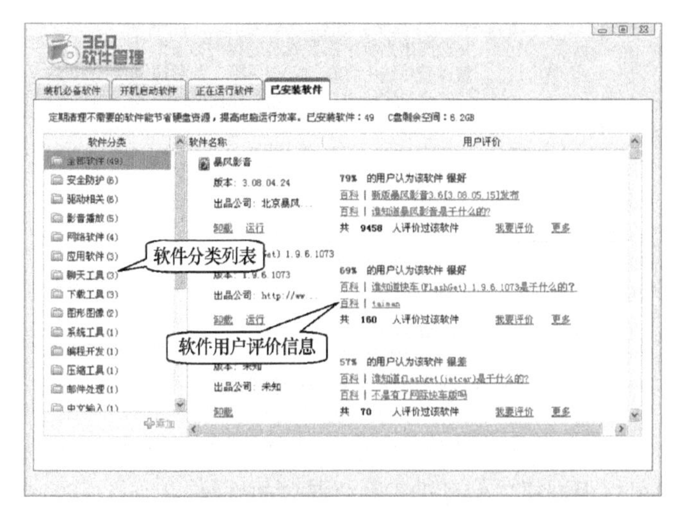


**图 9－4　管理应用软件**

(2)在这个窗口中包括 4 个选项卡：装机必备软件、开机启动软件、正在运行软件、已安装软件。

(3)可以根据需要单击某个选项卡，切换到相应的功能界面进行操作。

### (二)修复系统漏洞

利用这个功能，可以及时修复漏洞，保证系统安全。360 安全卫士提供的漏洞补丁均可由 Microsoft 官方网站获取。具体操作步骤如下。

(1)在“常用”按钮对应的功能界面中，单击“修复系统漏洞”选项卡，切换到相应窗格，如图 9－5 所示。

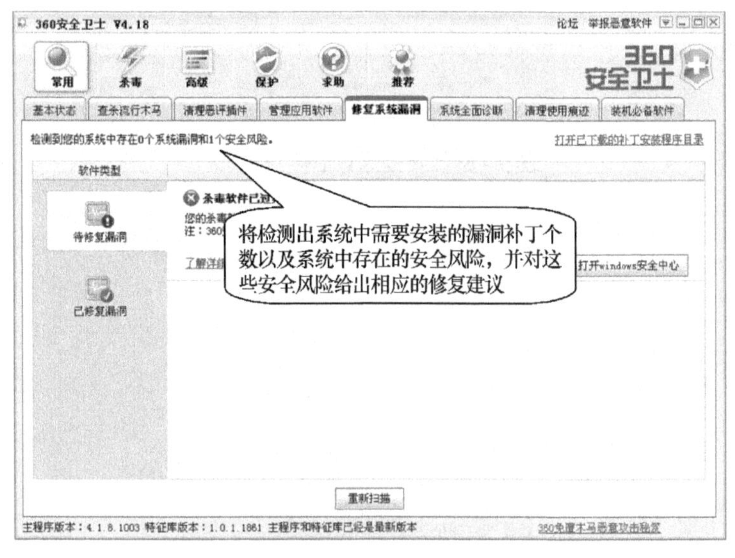


**图 9－5 “修复系统漏洞”选项卡**

(2)软件会自动扫描计算机，检查系统漏洞并给出报告。用户可以根据报告信息进行系统漏洞的修复。

### (三)系统全面诊断

利用这个功能，可以扫描可疑位置，检测危险项，然后将其修复,并导出系统诊断报告。具体操作步骤如下。

(1)在“常用”按钮对应的功能界面中,单击“系统全面诊断”选项卡,切换到相应窗格。

(2)选中要修复的项,单击“修复选中项”按钮,立即修复。

(3)单击“导出诊断报告”按钮,将系统诊断报告导出,发送到360安全论坛,由360安全卫士进行专业分析。

(4)单击“重新扫描”按钮,将重新扫描可疑位置,检查危险项,如图9－6所示。

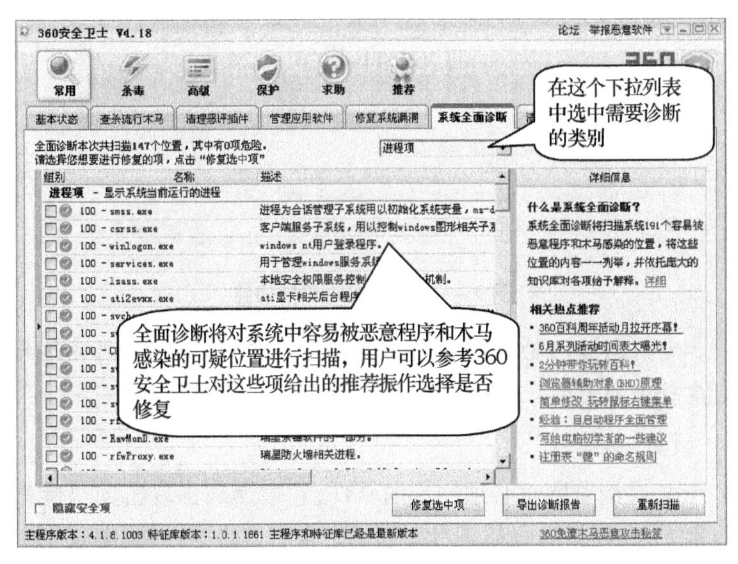


图9－6　“系统全面诊断”选项卡

**(四)开启实时保护**

开启360实时保护功能后,将在第一时间保护系统安全,最及时地阻击恶评插件和木马的入侵。具体操作步骤如下。

(1)单击“保护”按钮,进入到保护功能界面(图9－7)。

(2)选择需要开启的实时保护,单击“开启”按钮后将即刻开始保护。

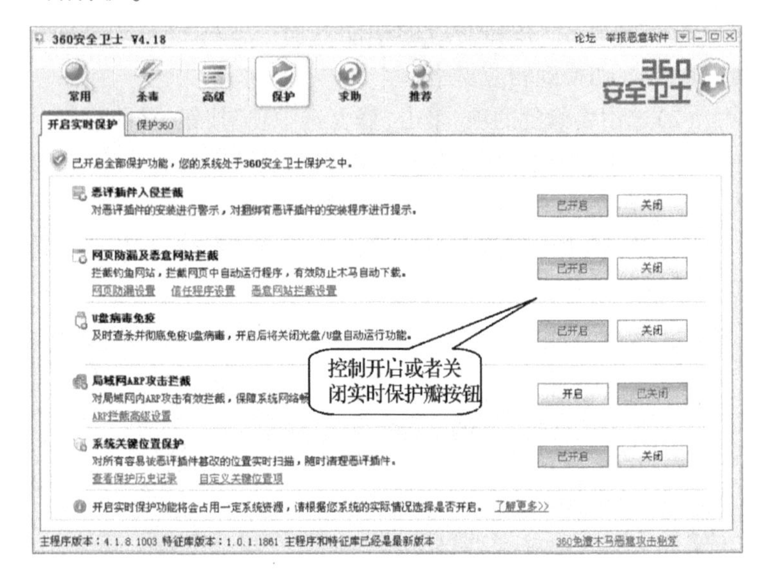


**图 9－7　开启实时保护功能**

**专家点拨**：360 实时保护将会占用一定资源，计算机的运行速度将受到影响，请根据系统情况选择是否开启该功能。

**（五）修复 IE**

IE 是浏览网页必须使用的软件，它遭遇病毒攻击的可能性非常大，有许多病毒就是针对它的。常有人说 IE 浏览器被别人修改了、IE 主页锁定了没法修复，其实可以利用 360 安全卫士中的 IE 修复功能进行修复。具体操作步骤如下。

（1）单击“高级”按钮，进入高级功能界面（图 9－8），其中包括 7 个选项卡。

（2）在“修复 IE”选项卡上，选中需要修复的复选框，然后单击“立即修复”按钮即可。

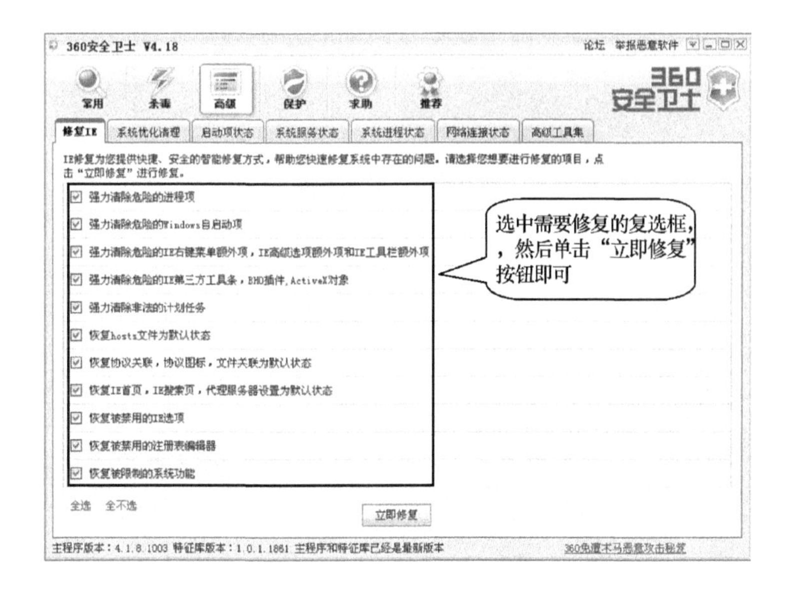
360安全卫士 V4.18
论坛　举报恶意软件
常用
杀毒
高级
保护
求助
推荐
360
安全卫士
修复IE
系统优化清理
启动项状态
系统服务状态
系统进程状态
网络连接状态
高级工具集
IE修复为您提供快捷、安全的智能修复方式，帮助您快速修复系统中存在的问题。请选择您想要进行修复的项目，点击“立即修复”进行修复。
强力清除危险的进程项
强力清除危险的Windows自启动项
强力清除危险的IE右键菜单额外项，IE高级选项额外项和IE工具栏额外项
强力清除危险的IE第三方工具条，BHO插件，ActiveX对象
强力清除非法的计划任务
恢复hosts文件为默认状态
恢复协议关联，协议图标，文件关联为默认状态
恢复IE首页，IE搜索页，代理服务器设置为默认状态
恢复被禁用的IE选项
恢复被禁用的注册表编辑器
恢复被限制的系统功能
全选　全不选
立即修复
选中需要修复的复选框，，然后单击“立即修复”按钮即可

**图9－8　“修复IE”选项卡**

# 主要参考文献


陈晓华. 2012. 农业信息化概论[M]. 北京:中国农业出版社.

孔繁涛,张建华,吴建寨,等. 2016. 农业全程信息化建设研究[M]. 北京:科学出版社.

李昌健. 2015. 信息化引领现代农业:来自 2014 农业信息化专题展与高峰论坛的报告[M]. 北京:中国农业出版社.